XXII. Internationaler Geologenkongreß
Neu-Delhi, 14. bis 22. Dezember 1964

ZEITSCHRIFT FÜR ANGEWANDTE GEOLOGIE

HERAUSGEGEBEN VON
DEM ZENTRALEN GEOLOGISCHEN INSTITUT
UND DER ZENTRALEN VORRATSKOMMISSION
DER DEUTSCHEN DEMOKRATISCHEN REPUBLIK

AUS DEM INHALT

AKADEMIE-VERLAG · BERLIN

BAND 10 / HEFT 12
DEZEMBER 1964
SEITE 623—678

	INHALT	СОДЕРЖАНИЕ	CONTENTS	
	Zum XXII. Internationalen Geologenkongreß	О XXII Международном конгрессе геологов	XXIInd International Geological Congress	623
M. MERTKE	Hauptmethoden der geologisch-ökonomischen Bewertung von Lagerstätten fester mineralischer Rohstoffe in den einzelnen Stadien der geologischen Erkundung	Основные методы геолого-экономической оценки месторождений твердых полезных ископаемых в отдельных стадиях геологической разведки	Principal Methods for the Geological and Economic Evaluation of Deposits Containing Solid Mineral Raw Materials in the Individual Stages of Geological Exploration	624
F. STAMMBERGER	Zum ökonomischen Nutzungsprinzip von Armerzlagerstätten unter den Bedingungen des Sozialismus	К экономическому принципу использования месторождений бедных руд в условиях социализма	On the Economic Principle of Yield of Lean-Ore Deposits under the Conditions of Socialism	626
M. MÜHLBACH	Zu den Grundprinzipien der geologisch-ökonomischen Bewertung von Lagerstätten fester Minerale in den einzelnen Stadien der Erkundung	К основным принципам геолого-экономической оценки месторождений твердых полезных ископаемых в отдельных стадиях геолочической разведки	On the Fundamental Principles of Geological and Economic Evaluation of Deposits Containing Solid Minerals in the Individual Stages of Geological Exploration	630
K. HIRSCH	Die Bedeutung der geologisch-ökonomischen Bewertung von Lagerstätten fester mineralischer Rohstoffe in den einzelnen Stadien der geologischen Erkundung	Значение геолого-экономической оценки месторождений твердых полезных ископаемых в отдельных стадиях геологической разведки	The Importance of the Geological and Economic Evaluation of Deposits Containing Solid Mineral Raw Materials in the Individual Stages of Geological Exploration	632
A. A. TROFIMUK	Über das rationelle Verhältnis von Erdöl- und Erdgasvorräten verschiedener Klassen und über die Methodik der Planung ihres Zuwachses	О рациональном соотношении запасов нефти и газа различных категорий и методике планирования их прироста	On the Rational Relation between Reserves of Petroleum and Natural Gas of Different Classes and the Technique of Planing its Increase	637
H.-J. BLANKENBURG & K. H. JAGUSCH	Mögliche Fehler bei Schwermineraluntersuchungen — Unter besonderer Berücksichtigung der Schwermineralanalysen bei Glassanden	Возможные ошибки при исследовании тяжелых минералов — С особенным учетом анализа тяжелых минералов стекольных песков	Possible Errors in Heavy-Mineral Analyses — With Special Reference to the Heavy-Mineral Analysis of Vitreous Sands	640
Autorenkollektiv	Verdeckte, erzkontrollierende Tiefenbruchzonen (referiert von WOLFGANG BEYER)	Перекрытые рудоконтролирующие глубинные разломы (Реф. В. БАЙЕР)	Covered, Ore-Controlling Deep-Seated Fracture Zones, (Abstracted by W. BEYER)	650
G. ADLER & M. LEHMANN	Die erdmagnetische Vermessung Ostthüringens, des Vogtlands und des Westerzgebirges	Магнитометрическое измерение Восточной Тюрингии, Фогтланда и Западных Рудных Гор	Magnetic Survey of East Thuringia, Vogtland and the West Erzgebirge	652
B. ŘEZÁČ	Jodobrom-Tiefenwässer des Ostrava-Karvináer Reviers und die Perspektiven ihrer ökonomischen Verwertung	Глубнные иодо-бромовые воды Острава-Карвинского участка и перспективы их экономического использования	Iodobromine Deep Waters of the Ostrava-Karviná District and the Perspectives of their Economic Utilization	657
L. GALILÄER, G. HÖSEL & G. M. UTECHIN	Über Borminerale und Scheelit im Skarn von Pöhla (Erzgebirge)	О минералах бора и о шеелите в скарне около Пёла (Рудные Горы)	On Boron Minerals and Scheelite in the Skarn of Pöhla (Erzgebirge)	661
E. WOHLMANN	Das Problem der Eisen(II)-Bestimmung in Gesteinen	Проблема определения двухвалентного железа в горных породах	The Problem of Determining Bivalent Iron in Rocks	663
A. THOMAS	Ermittlung und Auswertung der Neigungsvektoren von Bauwerken in Karstsenkungsgebieten	Определение и анализ векторов наклонения зданий в областях карстового оседания	Determination and Evaluation of the Vectors of Inclination in Areas of Karst Depression	667

Die ZEITSCHRIFT FÜR ANGEWANDTE GEOLOGIE berichtet ständig über folgende Arbeitsgebiete: Geologische Grundlagenforschung und Lagerstättenforschung / Methodik der geologischen Erkundung / Ökonomie und Planung der geologischen Erkundung / Technik der geologischen Erkundung / Geologie und Lagerstättenkunde im Ausland. In der Zeitschrift können alle strittigen Fragen der praktischen Geologie behandelt werden. Die Autoren übernehmen für ihre Aufsätze die übliche Verantwortung.

ZEITSCHRIFT FÜR ANGEWANDTE GEOLOGIE

KOLLEKTIVE CHEFREDAKTION

Dr. K. KAUTER (Redaktionssekretär)
Dr. F. STAMMBERGER
Dr. G. TISCHENDORF

BAND 10 · DEZEMBER 1964 · HEFT 12

Zum XXII. Internationalen Geologenkongreß

Vom 14. bis zum 22. Dezember 1964 tritt in Neu-Delhi, Indien, der Internationale Geologenkongreß zusammen. Es wird die XXII. jener internationalen Zusammenkünfte sein, die 1878 in Paris begannen. Damals trafen sich 87 Teilnehmer aus 22 Ländern. Der weitere Weg der Kongresse führte über Bologna, Berlin, London, Washington, Zürich, St. Petersburg, Paris, Wien, Mexiko, Stockholm, Toronto, Brüssel, Madrid, Pretoria, Washington, Moskau, London, Algier, Mexiko nach Kopenhagen. Die wachsende Bedeutung dieser Zusammenkunft unterstreicht allein schon die Teilnehmerzahl von 2600 Delegierten aus insgesamt 93 Ländern. Hier, in Kopenhagen, wurden 1960 auf dem XXI. Internationalen Geologenkongreß der Tagungsort und die Thematik des XXII. festgelegt.

Der ungeheure Umfang an Arbeiten, die zu erledigen von diesem Kongreß erwartet wird, findet seinen Niederschlag in den Programmen von 16 Sektionen. Fragen der Erdölgeologie, Probleme der angewandten Geophysik, die Grenzziehung Kreide/Tertiär unter Einbeziehung der vulkanischen Tätigkeit, Gesteinsumbildungen und Tektonik, Mineralzusammensetzung und Genese von Pegmatiten, Plateaubasalte, tertiäre Säugetiere, Gondwana, Fragen der Geologie des Archäikums und des Präkambriums, des Himalayas und der alpinen Orogenese, Probleme der Isostasie, der Charnockite, der Laterite, Fragen der Sedimentation und der sedimentären Geologie allgemein und andere mehr sind Gegenstand der Verhandlungen. Vor, während und nach der Tagung werden Exkursionen stattfinden, die sich über das ganze Gebiet Indiens hin erstrecken.

Aus aller Welt werden Geologen und Geophysiker, Lagerstättenkundler und Sedimentologen, Erdölspezialisten und Vulkanologen an diesen Aussprachen teilnehmen. Innerhalb unserer Republik hat bereits seit längerer Zeit das „Nationale Komitee der DDR für Geologie" die entsprechenden Vorbereitungen getroffen und entsendet eine Delegation von Wissenschaftlern unter der Leitung von Herrn Prof. Dr. OTTO MEISSER. Sie wird in diesem internationalen Gremium die bei uns gesammelten Erfahrungen zu den einzelnen Themen zum Vortrag bringen. So leistet unser Staat seinen Beitrag zur Vertiefung des geologischen Wissens und zur Weiterentwicklung der geologischen Erkenntnisse. Daß diesem Weltkongreß der Geologen ein erfolgreicher Verlauf und zufriedenstellende Ergebnisse beschieden sein mögen, wünscht mit herzlichem

Glück auf!

DIE REDAKTION

Zeitschrift für angewandte Geologie, Bd. 10 (1964) Heft 12

Hauptmethoden der geologisch-ökonomischen Bewertung von Lagerstätten fester mineralischer Rohstoffe in den einzelnen Stadien der geologischen Erkundung[1)]

(Tagungsbericht)

MANFRED MERTKE, Berlin

Zu diesem Thema wurde Ende Juli 1964 in Berlin eine Arbeitsgruppentagung der Ständigen Kommission für Geologie des Rates für gegenseitige Wirtschaftshilfe durchgeführt. Die Arbeitsgruppe hatte den Auftrag, einheitliche Prinzipien über Aufgabe, Inhalt und Methodik der Lagerstättenbewertung zu erarbeiten.

In allen Mitgliedsländern des RGW werden seit vielen Jahren industrielle und ökonomische Beurteilungen von Lagerstätten vorgenommen, bevor entschieden wird, ob auf ihrer Basis ein Gewinnungsbetrieb errichtet werden soll. Diese industrielle Einschätzung setzte jedoch gewöhnlich erst bei Abschluß der Erkundung ein und lag meist nur in den Händen der Projektanten und Bergleute; die Geologen waren lediglich durch ihre Unterlagen über die Lagerstätte, in der Regel jedoch nicht unmittelbar an dieser Arbeit beteiligt.

Die Festigung der nationalen Wirtschaft in den einzelnen Ländern und die Koordinierung der geologischen Arbeiten im Rahmen des RGW führte in jüngster Vergangenheit zu einer profilierteren ökonomischen Betrachtungsweise der geologischen Erkundung. Dabei ergab sich die Notwendigkeit, die gewonnenen Erfahrungen zu verallgemeinern und einheitliche Prinzipien der Lagerstättenbewertung für die wichtigsten Arten mineralischer Rohstoffe aufzustellen.

Gegenwärtig wird in allen RGW-Ländern der geologisch-ökonomischen Analyse der Erkundungsergebnisse (in allen ihren Stadien) große Bedeutung beigemessen, und die geologisch-ökonomische Bewertung ist in der einen oder anderen Form obligatorisch.

Im Ergebnis der unter dem Vorsitz Dr. STAMMBERGERS durchgeführten Beratung, an der Vertreter aller RGW-Länder beteiligt waren, wurden folgende allgemeine Grundsätze für die geologisch-ökonomische Bewertung festgelegt:

1. Die geologisch-ökonomische Bewertung von Lagerstätten im Prozeß der geologischen Erkundungsarbeiten ist die Ermittlung ihrer volkswirtschaftlichen Bedeutung.

2. Der geologisch-ökonomischen Bewertung von Lagerstätten fester mineralischer Rohstoffe in allen RGW-Mitgliedsländern liegt das allgemeine Prinzip der konsequenten Annäherung hinsichtlich der Zuverlässigkeit der Angaben und der Genauigkeit der Berechnungen, die die Einhaltung der Stadien bei der Sammlung geologischer Angaben über die Lagerstätte voraussetzt, zugrunde.

In Übereinstimmung mit diesem Prinzip wird der einheitliche Prozeß der geologischen Erkundungsarbeiten auf einer Lagerstätte bedingt in drei Stadien eingeteilt: Suche, Vorerkundung und Detailerkundung, bei deren Abschluß eine entsprechende geologisch-ökonomische Bewertung vorzunehmen ist.

3. Die geologisch-ökonomische Bewertung von Lagerstätten bildet einen obligatorischen Bestandteil aller geologischen Ergebnisberichte in allen Erkundungsstadien und wird mit folgendem Ziel durchgeführt:

Ermittlung der ökonomischen Zweckmäßigkeit einer industriellen Nutzbarmachung der in Erkundung stehenden Lagerstätte;

Entscheidung der Frage des Übergangs der Arbeiten von den Anfangs- zu den Folgestadien geologischer Erkundungsarbeiten sowie der Bestimmung der Hauptrichtungen, des Umfanges und Aufwandes für die geologischen Erkundungsarbeiten;

Ermittlung der möglichen Bedeutung der in Erkundung stehenden Lagerstätten für die Deckung des Bedarfs der Volkswirtschaft an den betreffenden Roh-

Tagung einer Arbeitsgruppe der Ständigen Kommission für Geologie des RGW vom 20. bis 25. Juli 1964 in Berlin

1) Eingang des Manuskripts in der Redaktion: 5. 9. 1964

Delegation der ČSSR mit J. Kožíček (links) und J. Žežulka (rechts)

stoffarten unter Berücksichtigung des Standes und der Entwicklungsperspektiven ihrer Rohstoffbasis;

Lagerstättenschutz, ausgehend von den gesamtstaatlichen Interessen des betreffenden Landes.

4. Die Hauptfragen der geologisch-ökonomischen Bewertung in den einzelnen Stadien geologischer Erkundungsarbeiten sind:

für die Sucharbeiten — Auswahl (aus den ermittelten Mineralkonzentrationen) von Objekten für die Vorerkundung, die industrielle Bedeutung haben können;

für die Vorerkundung — Entscheidung über den industriellen Wert der Lagerstätte und die technisch-ökonomische Begründung für die Notwendigkeit der Durchführung der Detailerkundung;

für die Detailerkundung — endgültige geologisch-ökonomische Bewertung der Lagerstätte mit dem Ziel ihrer Übergabe an die Industrie zur Nutzung.

5. Als Hauptkennziffern der geologisch-ökonomischen Bewertung von Lagerstätten fester mineralischer Rohstoffe sind folgende zu empfehlen:

a) erkundete Vorräte an mineralischen Rohstoffen in situ unter Berücksichtigung ihrer komplexen Nutzung sowie die ausbringbaren Vorräte, d. h. unter Berücksichtigung der Verluste bei der Gewinnung und Verarbeitung;

b) durchschnittlicher Gehalt an nutzbaren Komponenten in situ und im Handelsprodukt sowie ausbringbare Komponenten bei deren Verarbeitung;

c) Kosten des mineralischen Rohstoffs oder seiner Komponenten, die ausbringbar sind, pro t des mineralischen Rohstoffes; das Abbausystem (Tagebau oder Tiefbau) und die voraussichtliche optimale Jahresproduktivität des Bergbaubetriebes;

d) geographisch-ökonomische Verhältnisse der Lagerstätte;

e) Investitionen zum Bau des Betriebes, Gesamtinvestitionen, spezifische Investitionen pro 1 t Jahresproduktion und Effektivitätskoeffizienten der Investitionen;

f) Selbstkosten der Produktion und Rentabilitätskennziffern.

In den verschiedenen Stadien der geologischen Erkundungsarbeiten ist es zweckmäßig, die angeführten Kennziffern in Abhängigkeit von Umfang und Genauigkeit der vorhandenen Materialien entsprechend den Aufgaben dieser Arbeitsstadien zu bestimmen.

6. Als Hauptmethode für die Kostenberechnung gelten die Methode der direkten Berechnung nach Grobkennziffern und die Analogiemethode. Die graphische Methode kann infolge ihrer geringen Genauigkeit nur für die frühen Stadien der geologischen Erkundungsarbeiten empfohlen werden.

7. Die geologisch-ökonomische Bewertung von Lagerstätten dient letztlich als Grundlage für die Entscheidung über die industrielle Nutzung einer Lagerstätte sowie über den Termin der Nutzung und umfaßt alle Ausgangsdaten für die Ausarbeitung eines technischen Projektes zur Errichtung eines Bergbaubetriebes.

Die eingehende Erörterung der Problematik ergab eine Reihe von Hinweisen für die weitere Vervollkommnung der Methodik der Lagerstättenbewertung, wobei insbesondere folgende Fragen zu klären sind:

Zweckmäßigkeit der Amortisation des Erkundungsaufwands beim Abbau der Lagerstätten, d. h. Einbeziehung der Kosten für die geologischen Erkundungsarbeiten in die Selbstkosten der Produktion des Bergbaubetriebes;

Ausarbeitung einer Methodik zur Erfassung des Zeitfaktors der industriellen Nutzung einer Lagerstätte und Einfluß dieses Faktors auf die geologisch-ökonomische Bewertung dieser Lagerstätte;

Ermittlung vergleichbarer Maßeinheiten des Wertes der mineralischen Rohstoffe, die im Boden vorhanden sind, und der aus ihnen ausbringbaren nutzbaren Komponenten für die einzelnen RGW-Länder und insgesamt für den RGW (Abgabepreise, Höchstpreise, Perspektivpreise, Weltmarktpreise);

Ausarbeitung der Anforderungen an die Genauigkeit der Bewertungsberechnungen in den einzelnen Erkundungsstadien;

weitere Vervollkommnung der Methoden für die Ausarbeitung von Konditionen und die Klärung ihrer Rolle bei der geologisch-ökonomischen Bewertung;

Methoden zur Erfassung volkswirtschaftlicher Faktoren bei der geologisch-ökonomischen Bewertung von Lagerstätten, insbesondere der Export- und Importmöglichkeiten.

Durch die Arbeitstagung der Ständigen Kommission für Geologie wurde der Grundstock für eine einheitliche und damit vergleichbare Lagerstättenbewertung in den einzelnen Erkundungsstadien gelegt.

Es kommt nunmehr darauf an, die festgelegten allgemeinen Prinzipien für ihre Anwendung auf die einzelnen Rohstoffarten zu konkretisieren. Bei der Lösung dieser Aufgabe wird ebenfalls eine Arbeitsteilung innerhalb der Mitgliedsländer des RGW durchgeführt werden.

Der Beitrag der DDR wird zunächst darin bestehen, die bei der Bewertung von Braunkohlen- und Kalisalzlagerstätten gewonnenen Erfahrungen zusammenzufassen und im Rahmen eines internationalen Erfahrungsaustausches zur Diskussion zu stellen.

In Anbetracht der großen volkswirtschaftlichen Bedeutung der Geologie wird empfohlen, die Bearbeitung von Problemen der ökonomischen Geologie, insbesondere der mit der weiteren Vervollkommnung der geologisch-ökonomischen Bewertung von Lagerstätten im Zusammenhang stehenden Fragen, zu verstärken.

Zum ökonomischen Nutzungsprinzip von Armerzlagerstätten unter den Bedingungen des Sozialismus[1])

FRIEDRICH STAMMBERGER, Berlin

1. Ökonomische Nutzungsprinzipien von Lagerstätten nutzbarer Rohstoffe

Jeder Geologe weiß, daß es bei jedem Rohstoff gute und schlechte Lagerstätten gibt. Unter gut bzw. schlecht versteht er dabei, daß die natürlichen Eigenschaften der Lagerstätten, d. h. die Qualität ihres Rohstoffs, die Mächtigkeit der Körper, ihre Größe und die die bergmännische Nutzung beeinflussenden Faktoren, derart sind, daß sie bei Einsatz der modernen Technik eine normal hohe bzw. niedrige Arbeitsproduktivität (d. h. letztlich hohe oder niedrige Gestehungskosten) verursachen.

Gute Lagerstätten führen folglich zu einem sog. rentablen Abbau, schlechte werden überhaupt nur in Ausnahmefällen (erzwungenermaßen) abgebaut; sie müssen dann subventioniert werden.

Jedes unserer Länder besitzt sowohl gute als schlechte Lagerstätten, und in jedem Land gibt es schlechte Lagerstätten, die aus einer volkswirtschaftlichen Zwangslage heraus abgebaut werden (werden müssen) und dem Staate entsprechende Verluste erbringen.

Diese Situation ruft gegenwärtig als Tatbestand keine Diskussion hervor. Es ist jedoch zweckmäßig, darauf hinzuweisen, daß der Umstand, ob es sich um eine gute oder schlechte Lagerstätte handelt, große Bedeutung für die Festlegung des ökonomischen Nutzungsprinzips der Lagerstätte hat.

Das ökonomische Nutzungsprinzip von Lagerstätten wurde m. W. in den sozialistischen Ländern bisher noch nicht diskutiert. Ich halte das für einen Mangel, weil:

1. in allen Ländern gegenwärtig die maximale Steigerung der Arbeitsproduktivität als vorrangige Aufgabe von Partei und Regierung gestellt wird;
2. nach K. MARX die Arbeitsproduktivität u. a. auch von den Naturverhältnissen, d. h. den natürlichen Gegebenheiten der Lagerstätte, abhängt;
3. die „Naturverhältnisse", d. h. die Eigenschaften der Lagerstätte, ihrerseits bekanntlich sehr verschieden sind und
4. die Arbeitsproduktivität in der Grundstoffindustrie in hohem Maße die Gesamtproduktivität — im Rahmen der Volkswirtschaft — beeinflußt.

Es ist folglich eine wichtige und aktuelle Aufgabe, ökonomische Maßstäbe, Grundsätze und Methoden zu entwickeln, die — insbesondere bei ungünstigen natürlichen Lagerstättenbedingungen — es gestatten, mit höchstmöglichem volkswirtschaftlichem Nutzeffekt unsere Lagerstätten dem Aufbau des Sozialismus dienstbar zu machen.

Wir wissen, daß unter kapitalistischen Produktionsverhältnissen der Grundsatz des Maximalprofits auch für die Nutzung von mineralischen Rohstoffen gültig ist. Dieses Prinzip ist — auch in seiner abgewandelten Form des maximalen Betriebsgewinns — für die sozialistische Wirtschaft untauglich, weil es direkt zu Raubbau an den natürlichen Reichtümern — den Lagerstätten mineralischer Rohstoffe — jedes Landes führt.

Das hohe Interesse der sozialistischen Wirtschaft am Naturalprodukt und an einer optimalen Nutzung der Lagerstätten hat dazu geführt, daß in der Vergangenheit in unseren Ländern als ökonomisches Nutzungsprinzip von Lagerstätten mineralischer Rohstoffe das Prinzip des Mengenmaximums große Verbreitung gefunden hat und gegenwärtig in unseren Ländern dominiert.

Das Wesen dieses ökonomischen Nutzungsprinzips besteht bekanntlich darin, daß beim Abbau günstiger oder sehr günstiger Partien der Lagerstätte Gewinne — oder ein Teil dieser Gewinne — dazu verwendet werden, den Abbau ungünstiger Partien (die allein nur mit Verlust gebaut werden könnten) zu finanzieren und so das Gesamtnaturalprodukt zu vergrößern und zugleich die Lagerstätte möglichst intensiv zu nutzen.

Ohne Zweifel entspricht dieses ökonomische Nutzungsprinzip dem sozialistischen Geist der Wirtschaftsführung und ist zu Recht in unseren Ländern so stark verbreitet. Gestützt auf dieses Prinzip wurden von uns in der Vergangenheit die Begriffe industrieller Minimalgehalt und geologischer Schwellengehalt entwickelt und innerhalb des RGW einheitlich definiert. Sie haben sich in der Praxis bestens bewährt.

Dabei wurde jedoch von „normalen" Lagerstätten ausgegangen; schlechte Lagerstätten, d. h., die mit Stützungen genutzt werden, blieben de facto unberücksichtigt, weil sie als Ausnahmefälle, vorübergehende Abweichungen von der Regel u. ä. betrachtet wurden. Tatsächlich handelt es sich in unseren Ländern dabei jedoch nicht um seltene Ausnahmen. Erinnern wir uns als Beispiel der Buntmetalle: Viele unserer Länder nutzen überwiegend schlechte oder ungünstige Lagerstätten dieser Rohstoffgruppe. Es ist nicht schwer zu beweisen, daß in der sozialistischen Wirtschaft bei Lagerstätten, die mit Stützung genutzt werden, das ökonomische Nutzungsprinzip des Mengenmaximums falsch ist und durch ein anderes ersetzt werden muß.

Denn in Verlustlagerstätten werden in der Regel selbst beim Abbau der besten Partien keine Gewinne oder Übergewinne erzielt, mit denen der Abbau noch ungünstigerer Partien finanziert werden könnte. Im Gegenteil! Wenn der Abbau der besten Partien solcher Lagerstätten bereits planmäßige Verluste erbringt, die durch Stützungen gedeckt werden, verursacht der Abbau ungünstigerer Partien zusätzliche, übergroße Verluste, die weder durch Gewinne gedeckt werden können (weil solche nicht gemacht werden) noch durch die üblichen eingeplanten Stützungen.

Die Aufgabe bei der erzwungenen Nutzung von Verlustlagerstätten besteht offenbar darin, die für die Volkswirtschaft erforderliche Rohstoffmenge beim geringstmöglichen Verlust zu gewinnen. An die Stelle des Mengenmaximums tritt folglich das Prinzip des

[1]) Eingang des Manuskripts in der Redaktion: 7. 8. 1964
Als Referat gehalten während der Tagung der Arbeitsgruppe des RGW

Von links nach rechts: N. CHRUSCHTSCHOW, (UdSSR), F. STAMMBERGER (DDR) und A. BOGATYRJOW (UdSSR)

Verlustminimums (bei Bereitstellung der benötigten Rohstoffmengen). Es besteht die Möglichkeit, daß die Bedeutung dieser Feststellung gegenwärtig noch unterschätzt wird, weil sie wie eine banale Selbstverständlichkeit klingt. Leider ist sie das nicht. Vor einer solchen Unterschätzung muß schon deshalb gewarnt werden, weil das jeweilige ökonomische Nutzungsprinzip die Festlegung gewisser Konditionsparameter beeinflußt.

Zuvor müssen wir uns jedoch über den Inhalt einer wichtigen Kennziffer klarwerden, mit der wir es im weiteren noch oft zu tun haben werden:

2. Die durchschnittlichen Gestehungskosten

Aus dem Charakter der modernen Industriebetriebe ergibt sich, daß sich die Gestehungskosten einer Produktionseinheit nur unwesentlich oder überhaupt nicht von denen der übrigen Produktionseinheiten unterscheiden. Eine Folge gleicher Produktionsbedingungen zur Herstellung jedes einzelnen Stücks sind gleiche oder fast gleiche Stückselbstkosten. Unter diesen Voraussetzungen sind die durchschnittlichen Stückselbstkosten (gleich Gesamtselbstkosten durch Produktionsmenge) für diese Betriebe eine sehr aussagefähige Kennziffer, weil sie sich nur unerheblich oder gar nicht von den Selbstkosten der einzelnen Produktionseinheiten unterscheiden. In Bergbaubetrieben haben wir eine völlig andere Situation.

In den Lagerstätten wechseln die natürlichen Verhältnisse und damit die Voraussetzungen zur Förderung einer Tonne Rohstoff bestimmter Qualität meist nicht unerheblich. Die Folge ist, daß sich die Selbstkosten für die Förderung gleicher Einheiten an Nutzkomponente unterscheiden, relativ unbedeutend in dem einen und sehr erheblich in anderen Fällen.

Die durchschnittlichen Selbstkosten einer Produktionseinheit (d. h. Gesamtselbstkosten durch Produktionsmenge) sind im Bergbau daher eine weit weniger aussagefähige Kennziffer als in der übrigen Industrie. (Nicht selten übertreffen die Kosten einzelner Produktionseinheiten den Durchschnitt um ein Mehrfaches.)

Wenn im Plan für einen Bergbaubetrieb festgelegt wurde, daß der Bergbauanteil an den Gestehungskosten einer Tonne Endprodukt im Durchschnitt eine bestimmte Summe nicht überschreiten darf, entsteht die Frage, wie diese durchschnittlichen Selbstkosten ökonomisch richtig zu verstehen sind:

1. Sind die vorgegebenen Kosten eine Maximalgrenze, die nicht überschritten, wohl aber unterboten werden darf, d. h., gilt sie auch für die Förderung aus den ärmeren Lagerstättenteilen?

2. Bedeutet „im Durchschnitt“ wie in der Fertigungsindustrie nur eine geringe Streuung um den Durchschnitt, oder ist damit eine im Jahresdurchschnitt einzuhaltende Vorgabe gemeint, bei der Schwankungen um ein Mehrfaches zulässig sind?

Zur richtigen Beantwortung dieser Fragen ist daran zu erinnern, daß der in den Konditionen vorgegebene industrielle Minimalgehalt (in Verbindung mit allen übrigen Faktoren) ökonomisch den im Plan vorgegebenen durchschnittlichen Selbstkosten entspricht. Dabei ist in normalen Lagerstätten ein entsprechender Gewinn, in Verlustlagerstätten eine entsprechende Stützung einkalkuliert. Zwangsläufig müssen deshalb im Bergbau so allgemeine ökonomische Kategorien wie vorgegebene Selbstkosten in gleicher Weise verstanden werden wie in der übrigen Industrie. Das bedeutet:

a) Wenn Selbstkosten als Kennziffer stets für den Durchschnitt der Produktion vorgegeben werden, dürfen die Kosten für einzelne Produktionseinheiten zwar um diesen Durchschnitt streuen, sie dürfen jedoch nicht das Mehrfache der vorgegebenen Selbstkosten ausmachen, wie es gegenwärtig im Bergbau noch oft üblich ist;

b) vorgegebene Selbstkosten sind auch im Bergbau eine zu unterbietende Kennziffer. Wenn irgend möglich, ist der jeweilige Rohstoff billiger als vorgesehen zu gewinnen.

c) Für das gleiche Produkt darf es im Bergbau ebenso wie in der gesamten Industrie — innerhalb eines Betriebes — nur einen Wert für die vorgegebenen Selbstkosten geben und nicht mehrere (z. B. einen zweiten für Metall aus Armerz).

Schließt eine solche Betrachtungsweise der durchschnittlichen Gestehungskosten nicht jede Nutzung von Erzen aus, die mit ihrem Gehalt unter dem industriellen Minimalgehalt liegen? Keineswegs! Die Nutzung solcher ungünstigen Erze wird lediglich dadurch strenger ökonomisch reglementiert und vor allem mit dem ökonomischen Nutzungsprinzip der Lagerstätte in Beziehung gesetzt.

3. Das ökonomische Nutzungsprinzip und die Verschneidung guter Erze

Der industrielle Minimalgehalt ist einerseits ein Minimum, eine nach unten nicht zu überschreitende Grenze, die sich aus der Verarbeitungstechnologie ergibt. Andererseits ist er praktisch — als Kennziffer für eine zu erbringende Förderung — stets der Gehalt einer bestimmten Menge, d. h. ein Durchschnitt.

In Abhängigkeit davon, ob das ökonomische Nutzungsprinzip der Lagerstätte das Mengenmaximum oder das Verlustminimum ist, erhält der industrielle Minimalgehalt eine besondere Akzentuierung:

1. Beim Mengenmaximum wird der Umstand ausgenutzt, daß der industrielle Minimalgehalt eine sich auf den Durchschnitt im Fördergut beziehende Kennziffer ist;

2. beim Verlustminimum wird dagegen vor allem beachtet, daß er eine äußerste Grenze, ein Minimum, ist, das eben noch ökonomisch zu vertreten ist.

Aus dieser unterschiedlichen Akzentuierung ergeben sich auch verschiedene ökonomische Grundsätze für die Nutzung der Armerze in diesen Lagerstätten. Es geht dabei um die für den Geologen und Bergmann wichtige Frage, ob und wie in jedem dieser Fälle relativ bessere Erze mit ungünstigen verschnitten werden dürfen.

A. Bogatyrjow (UdSSR)

Hinsichtlich der Grundsätze, die beim Verschneiden besserer Erze anzuwenden sind, existieren noch keine einheitlichen methodischen Festlegungen. Aus der Erfahrung der DDR kann dazu folgendes mitgeteilt werden:

1. Zunächst muß die sogenannte untere Berechnungsgrenze festgelegt werden, die — berücksichtigen wir hier nur den Gehalt — Außerbilanzvorräte vom Tauben trennt. Das heißt, Vererzungen unter der Berechnungsgrenze werden nicht als Erz betrachtet und folglich als Vorrat überhaupt nicht erfaßt (auch nicht als Außerbilanzvorrat).

2. Ferner muß der geologische Schwellengehalt ökonomisch richtig festgelegt werden. Diese Kennziffer wird in der DDR als unterste Qualitätsgrenze definiert, bis zu der armes Material zur Verschneidung besserer Bilanzvorräte noch herangezogen werden darf. Wir formulieren „darf", weil es keine „Muß"grenze ist und sein kann.

Wir haben wiederholt darauf hingewiesen (diese Hinweise sind in den RGW-Dokumenten enthalten), daß dieser Begriff (geologischer Schwellengehalt) nicht identisch ist mit dem in der UdSSR üblichen Bortgehalt. In der UdSSR wird Erz mit Gehalten über dem Bortgehalt ohne weiteres abgebaut. Bei uns ist das für Erz über dem geologischen Schwellengehalt nicht ohne weiteres, eigentlich nur als sehr seltene Ausnahme, zutreffend.

Gehen wir bei der Erläuterung dieser Feststellung von einer vereinfachten Technologie aus, die nur den Bergbau und die Hütte umfaßt. Die im Plan vorgegebenen Gesamtkosten beziehen sich auf das Endprodukt (Metall).

Als äußerste Qualitätsgrenze eines Erzes, bei der die Gesamtkosten nicht überschritten werden, kann offenbar eine solche Erzqualität bezeichnet werden, für die die reinen Hüttenkosten einer Produktionseinheit (z. B. einer Tonne Metall) die vorgegebenen Gesamtkosten nicht übersteigen. Jedes noch ärmere Erz würde — selbst wenn die bergmännischen Kosten ebenfalls gleich Null gesetzt würden — höhere Kosten als vorgegeben verursachen. Ein solches Erz kann folglich in keinem Falle ein Bilanzvorrat sein; es darf gegenwärtig nicht an die Hütte geliefert werden.

Erz, dessen tatsächliche bergmännische Kosten gleich Null gesetzt werden können, fällt jedoch nur bei besonderen Verhältnissen und gewöhnlich nur in geringen Mengen oder überhaupt nicht an. Daher wurde formuliert, daß Erz bis zum geologischen Schwellengehalt zur Verschneidung verwendet werden darf (nicht muß).

Verschneidungserz kann folglich überhaupt nur Erz sein, dessen Gehalt zwischen dem geologischen Schwellengehalt (als Extremum) und dem industriellen Minimalgehalt liegt. Welchen Gehalt das Verschneidungserz in jedem konkreten Falle besitzen muß, ergibt sich aus dem ökonomischen Nutzungsprinzip und den jeweils konkret vorliegenden Verhältnissen. Er muß in jedem Falle so hoch sein, daß das Metall alle bei Gewinnung und Verhüttung entstehenden Kosten mindestens kompensiert. Die tatsächlich entstehenden Kosten variieren im Bergbau ganz bedeutend. Das ist die Ursache dafür, daß auch Erze mit Gehalten unter dem industriellen Minimalgehalt ökonomisch abgebaut werden können.

Wenn die bei der Nutzung eines Vorrats insgesamt anfallenden Kosten nebst betrieblichem Gewinn in Kostengruppen zusammengefaßt werden, wie:

1. Hüttenkosten,
2. Abbaukosten,
3. Kosten für die Aus- und Vorrichtung,
4. allgemeine Grubenhaltungskosten,
5. Amortisationen (Grube sowie Hütte),
6. Betriebsgewinn (geplanter),

und wenn wir annehmen, daß nur der bergmännische Kostenanteil variabel sei (was bekanntlich in Wirklichkeit nicht zutrifft), können wir zunächst den Einfluß des ökonomischen Nutzungsprinzips der Lagerstätte auf die Gehalte der Verschneidungserze überprüfen.

In normalen (guten) Lagerstätten reichen die Vorräte mit Gehalten über dem industriellen Minimalgehalt meist aus, um ökonomisch die Investitionen zu rechtfertigen. Daher besteht die Möglichkeit, ärmere Erze nicht mit Amortisationen zu belasten. Oft gilt gleiches für den planmäßig zu erbringenden Gewinn sowie die allgemeinen Grubenhaltungskosten. Folglich kann der Gehalt der Armerze um entsprechende Anteile unter dem industriellen Minimalgehalt liegen, ohne daß die Gestehungskosten die vorgegebene Maximalgrenze überschreiten. Solche Vorräte werden damit einerseits nach dem Grundsatz einer „gewinn- und verlustlosen Produktion" im volkswirtschaftlichen Interesse am Naturalprodukt mitgewonnen und andererseits gewissermaßen durch die besseren Vorräte mitfinanziert (Prinzip des Mengenmaximums).

In ungünstigen Lagerstätten wird bei der Produktion kein Gewinn erzielt. Ist trotzdem ein bestimmtes Reineinkommen des Betriebs vorgesehen, geht es in die Gesamtgestehungskosten ein und erhöht den entstehenden Verlust. Es besteht überhaupt nicht die Möglichkeit, Armerze vom Gewinn zu befreien, weil kein Gewinn gemacht wird.

Außerdem ist es in Verlustlagerstätten unmöglich, irgendwelche Produktionsmengen von den Amortisationen oder den allgemeinen Grubenhaltungskosten zu befreien. Denn dazu müßten die Amortisationsanteile der relativ besseren Vorräte entsprechend erhöht werden; eine sinnlose Verschiebung der Kosten, weil sie auch bei den besseren Vorräten nicht durch Gewinne aufgefangen werden können. Folglich bieten diese Lagerstätten nicht die Möglichkeit, ärmere Lagerstättenteile auf Kosten besserer zu finanzieren.

Ökonomisch besitzen ungünstige Lagerstätten somit im Allgemeinfall geringere Verschneidungsmöglichkeiten als gute Lagerstätten. Das Prinzip des Mengenmaximums ist folglich kein ökonomisch universal anwendbares Prinzip. Es ist nur vertretbar, wenn (und nur insoweit) gute Vorräte in entsprechenden Mengen in der Lagerstätte anstehen. Besteht volkswirtschaftlich der Wunsch nach noch größeren Mengen, müssen die vorgegebenen Kosten erhöht und der industrielle Minimalgehalt entsprechend gesenkt werden. (Gleichzeitig reduzieren sich die Gewinne.)

Unabhängig vom ökonomischen Nutzungsprinzip muß der Gehalt in Armerzen zusätzlich ökonomisch so bestimmt werden, daß der Metallinhalt einer Tonne Erz ein echtes ökonomisches Äquivalent für die Effektivkosten ihrer Gewinnung ist.

Die dabei zu beachtenden Gesichtspunkte, die allgemeine Bedeutung haben und vom ökonomischen Nutzungsprinzip unabhängig sind, wurden an anderer Stelle bereits beschrieben (STAMMBERGER 1964).[2])

Dabei zeigte sich, daß die für den Abbau von Armerz in Ansatz zu bringenden bergmännischen Kosten im Bereich von Null bis zu den vollen Kosten für Normalerze liegen. Ihre Gewinnung ist nur vertretbar, wenn sie mit ihrem Metallinhalt die jeweils zu berechnenden Kosten decken können.

Die Möglichkeit, Armerze als Verschneidungserze beim Abbau anderer Erze mitzubauen, beruht folglich darauf,

a) in guten Lagerstätten diesen Abbau dadurch ökonomisch vertretbar zu machen, daß die Armerze von Amortisation, Gewinnanteil, allgemeinen Grubenhaltungskosten u. a. befreit werden, weil diese Kosten durch die normalen Erze getragen werden können (gewissermaßen die Armerze mitfinanzieren);

b) in guten und ungünstigen Lagerstätten die durch den Abbau normaler Erze geschaffene technische Situation für den Abbau ökonomisch ungünstiger Vorräte auszunutzen.

Zusammenfassung

1. Als ökonomisches Nutzungsprinzip von Lagerstätten mineralischer Rohstoffe gilt in der sozialistischen Wirtschaft bei günstigen Lagerstätten in der Regel das Prinzip des Mengenmaximums, in ungünstigen Lagerstätten das Prinzip des Verlustminimums.

2. Die im Plan vorgegebenen durchschnittlichen Gestehungskosten haben im Bergbau grundsätzlich den gleichen Charakter wie in der Fertigungsindustrie: Sie sind eine möglichst zu unterbietende Maximalgrenze, wobei die effektiven Kosten einzelner Produktionseinheiten nur unbedeutend um den Durchschnitt schwanken dürfen.

3. Die effektiven Kosten einzelner Produktionseinheiten sind infolge der Veränderlichkeit der Lagerstätten oft sehr unterschiedlich. In jedem Fall muß der in die Kostenrechnung eingehende Aufwand für jede Produktionseinheit in ihrem Metallinhalt ein echtes ökonomisches Äquivalent besitzen.

4. Die Möglichkeit, Armerze als Verschneidungserze mitzubauen, beruht

a) in guten Lagerstätten darauf, daß Amortisation, Gewinn, Allgemeinkosten u. ä. für die Armerze durch die normalen Erze getragen werden;

b) in guten und schlechten Lagerstätten darauf, daß durch den Abbau normaler Erze geschaffene technische Situationen für den Abbau der Armerze genutzt werden.

5. In jedem konkreten Falle ist der ökonomisch erforderliche Gehalt für Armerze durch geologisch-technisch-ökonomische Analysen zu bestimmen. Der in der Kondition vorgegebene geologische Schwellengehalt kann derartige Analysen und Bestimmungen nicht ersetzen.

Резюме

1. Экономическим принципом использования месторождений полезных ископаемых для социалистического хозяйства при благоприятных месторождениях является, как правило, принцип максимального количества, при неблагоприятных месторождениях — принцип минимальных убытков.

2. Заданные планом средние издержки производства имеют в горнодобывающей промышленности такой же характер, как и в перерабатывающей промышленности: они являются максимальным пределом, причем следует по возможности держаться ниже его, а эффективные издержки по отдельным единицам производства должны лишь незначительно колебаться вокруг него.

3. Эффективные расходы отдельных единиц производства из-за изменчивости месторождений часто весьма различны. В каждом случае затрата для каждой единицы производства, входящая в издержки, должна иметь настоящий экономический эквивалент в ее содержании металла.

4. Возможность использовать бедные руды в смеси с богатой рудой основывается

а) в благоприятных месторождениях на том, что амортизация, доход, общие рудничные расходы и пр. не учитываются для бедных руд, а накладываются только на нормальные руды;

б) в благоприятных и неблагоприятных месторождениях на том, что выгодная техническая ситуация, созданная добычей нормальных руд, используется для отработки бедных руд.

5. В каждом конкретном случае геолого-технико-экономическими анализами надо определять экономическое нужное содержание для бедных руд. Заданное в кондиции геологическое бортовое содержание не может заменять подобные анализы и определения.

Summary

1. As a rule, the principle of maximum output is considered in the socialist economy to be the economic principle of yield for deposits of mineral raw materials in the case of favourable ones, that of minimum loss in the case of unfabourable ones.

2. As a general principle, average prime costs given by the plan have in mines the same character as in the production industries: They are a maximum limit that must be underbidden as much as possible, with effective costs of individual production units being only insignificantly permitted to vary around the average.

3. Owing to the variability of the deposits the effective costs of individual production units are often rather different. At any rate, expenses per unit entering cost accounting must have a real economic equivalent with respect to the metal content.

4. The possibility to include lean ores as waste ores in mining operations is based

a) in good deposits on charging normal ores with amortisation, profit, overhead costs, etc. for the lean ores;

b) in good and bad deposits on utilizing technical situations caused by mining normal ores for lean ores.

5. In each concrete case, the economically necessary lean-ore content must be determined by geological-technical-economic analyses. The geological welt content given by the condition cannot replace such analyses and determinations.

---

[2]) Z. angew. Geol., Heft 10/1964

Zu den Grundprinzipien der geologisch-ökonomischen Bewertung von Lagerstätten fester Minerale in den einzelnen Stadien der geologischen Erkundung[1]

MANFRED MÜHLBACH, Berlin

Vom 20.—25. Juli 1964 fand in Berlin die Arbeitsgruppentagung der Ständigen Kommission des RGW für Geologie über grundlegende Methoden der geologisch-ökonomischen Bewertung von Lagerstätten fester Minerale statt.

Für die geologische Erkundung in der DDR ist die Festlegung einheitlicher Prinzipien der geologisch-ökonomischen Bewertung von Lagerstätten insofern von besonderem Interesse, als mit der Einführung des Neuen Ökonomischen Systems der Planung und Leitung der Volkswirtschaft eine stärkere ökonomische Durchdringung des Gesamtprozesses der geologischen Erkundungsarbeiten erforderlich ist. Wenn allein davon ausgegangen wird, daß der Industriezweig Geologische Erkundung Verbraucher von Akkumulationsmitteln ist, deren Erwirtschaftung durch die Arbeit anderer Industriezweige erfolgt, so wird deutlich, daß der Einsatz der finanziellen Mittel auf allen Stufen der geologischen Erkundung einer exakten Überprüfung hinsichtlich des volkswirtschaftlichen Nutzeffektes unterzogen werden muß.

Es wurde bereits wiederholt festgestellt, daß die volkswirtschaftliche Aufgabenstellung der geologischen Erkundung zutiefst perspektivischen Charakter trägt, indem ihre Arbeits- und Forschungsergebnisse in der Industrie erst nach vielen Jahren produktionswirksam werden. Daraus folgt u. a., daß die geologische Erkundung wichtige Grundlagen für die perspektivische Entwicklung anderer Wirtschaftszweige, insbesondere für den Bergbau, zu schaffen hat. Ohne die abschließende geologisch-ökonomische Bewertung der erkundeten Rohstoffe ist es nicht möglich zu beurteilen, ob und in welchem Maße die geologische Erkundung dieser grundsätzlichen Aufgabenstellung gerecht wird.

Bereits bei der Ausarbeitung der Grundlagen für den Perspektivplan bis 1970 wurden zwischen der VVB Feste Minerale und den Abnehmern von Lagerstätten mineralischer Rohstoffe die Aufgaben der geologischen Erkundung abgestimmt (Bedarfsermittlungen). Die geologischen Konzeptionen entstanden z. T. in enger Zusammenarbeit mit den Geologen des Bergbaus. Diese Zusammenarbeit muß künftig sowohl bei der Verwirklichung des Perspektivplans der geologischen Erkundung als auch bei seiner ständigen Vervollkommnung und Weiterentwicklung erfolgen. Darin besteht eine wesentliche Voraussetzung für eine den volkswirtschaftlichen Belangen entsprechende Durchführung der geologischen Erkundungsarbeiten. Die geologisch-ökonomische Bewertung wird sowohl der VVB Feste Minerale als auch den an ihren Arbeits- und Forschungsergebnissen interessierten Wirtschaftszweigen wichtige Hinweise für die laufende Weiterentwicklung und Konkretisierung der Jahres- und Perspektivpläne geben.

In allen Mitgliedsländern des RGW wird die geologisch-ökonomische Bewertung als Grundlage für die Entscheidung über die Fortführung geologischer Erkundungsarbeiten betrachtet. Die geologisch-ökonomische Bewertung wird jeweils nach Abschluß eines Erkundungsstadiums vorgenommen und bildet nach Abschluß der Detailerkundung die Grundlage für die Entscheidung über die künftige Nutzung der Lagerstätte. Die geologisch-ökonomische Bewertung von Lagerstätten ist eine Ermittlung ihrer volkswirtschaftlichen Bedeutung. Sie wird erstmals nach Abschluß der Sucharbeiten vorgenommen und mit zunehmender Genauigkeit und Aussagekraft jeweils nach Abschluß der folgenden Stadien fortgesetzt.

Bei der Festlegung der einheitlichen Grundprinzipien wurde davon ausgegangen, daß die RGW-Mitgliedsländer diese unter Berücksichtigung ihrer konkreten geologischen und ökonomischen Verhältnisse sowie unter Beachtung der gültigen gesetzlichen Verordnungen anwenden.

Es wird empfohlen, die geologisch-ökonomische Bewertung von Lagerstätten fester Minerale als obligatorischen Teil der Ergebnisberichte zu betrachten.

Hervorzuheben ist, daß die geologisch-ökonomische Bewertung in ihrer unmittelbaren Zielstellung die Fortführung der Erkundung im nächsthöheren Stadium begründet. Erst nach Abschluß der Detailerkundung ist die geologisch-ökonomische Bewertung Grundlage für die Entscheidung über den bergmännischen Aufschluß und für die Projektierung des künftigen Gewinnungsbetriebs. Mit der Empfehlung zur Aufnahme der geologisch-ökonomischen Bewertung als obligatorischen Bestandteil in die geologischen Ergebnisberichte wird die Hauptverantwortung dafür dem Industriezweig Geologische Erkundung übertragen. Lediglich nach Abschluß der Detailerkundung wird die endgültige ökonomische Bewertung Aufgabe der Projektierungsbetriebe, wobei die geologische Erkundung einen wesentlichen Teil der dazu erforderlichen Angaben zu liefern hat.

Der geforderte Inhalt sowie Art und Umfang der Hauptkennziffern der geologisch-ökonomischen Bewertung machen eine enge Zusammenarbeit zwischen geologischer Erkundung, Industrie und Projektierungsbetrieben erforderlich, die mit fortschreitender Stadienfolge ständig enger werden muß.

Im zusammenfassenden Bericht der Arbeitsgruppe wird ausgeführt:

„Eine Prüfung der Besonderheiten der Arbeit bei der Lagerstättenbewertung zeigt die Zweckmäßigkeit, ihr das Prinzip der konsequenten Annäherung zugrunde zu legen, das eine bestimmte Stadienfolge

[1]) Eingang des Manuskripts in der Redaktion: 19. 9. 1964.

zur Sammlung erkundungsgeologischer Angaben über die betreffende Lagerstätte voraussetzt.

Entsprechend der Summierung und Erhöhung der Zuverlässigkeit der Informationen über die Lagerstätte erhöhen sich die Anforderungen an die Komplexfaktoren, die bei der Bewertung in Betracht gezogen werden müssen sowie an die Genauigkeit der Bewertungsberechnungen."

Damit werden eine Vielzahl praktischer Probleme aufgeworfen, die unter Beachtung des bisher erreichten Standes in der Planung, Projektierung, Durchführung und Auswertung der geologischen Erkundungsarbeiten gelöst werden müssen. Es konnte nicht die Aufgabe der Arbeitsgruppe der Ständigen Kommission für Geologie im RGW sein, die Hauptkennziffern der geologisch-ökonomischen Bewertung stärker zu differenzieren, weil dabei die konkreten geologischen und ökonomischen Bedingungen der einzelnen Länder von Bedeutung sind. So werden in den RGW-Ländern die nachstehenden drei grundsätzlichen Methoden zur Ermittlung der Betriebskosten und Investitionen eines künftigen Gewinnungsbetriebes angewandt:

1. nach einer Graphik der Abhängigkeit der Produktionsselbstkosten von der Jahresproduktion;
2. Analogieberechnungen zu anderen Lagerstätten gleichen Typs bzw. zu bereits produzierenden Werken;
3. nach der direkten Berechnung auf der Grundlage von Produktions- und Projektierungsnormen.

Weiterhin wird die Bewertung der Lagerstätten in Abhängigkeit vom Rohstoff und, je nach Erkundungsstadium, ein unterschiedliches Herangehen erfordern.

Verf. ist der Ansicht, daß im Interesse einer baldigen und einheitlichen Durchsetzung der Grundprinzipien der geologisch-ökonomischen Bewertung die Hauptkennziffern unter Beachtung der ökonomischen Bedingungen der DDR zu konkretisieren sind. Das ist eine Aufgabe, die vom Zentralen Geologischen Institut der VVB Feste Minerale übernommen werden kann. Nach Vorliegen dieser methodischen Grundlagen besteht die Aufgabe darin, die Durchführung der geologisch-ökonomischen Bewertung verbindlich zu regeln.

In diesem Zusammenhang ist es erforderlich, darauf hinzuweisen, daß die von der Staatlichen Plankommission, Sektor Geologie, herausgegebene Übergangsregelung über Form und Inhalt von Anträgen zur Bestätigung von Konditionen zu einem wesentlichen Teil Elemente der geologisch-ökonomischen Bewertung von Lagerstätten enthält. Obwohl im Regelfall erst nach Abschluß der Detailerkundung unmittelbare Berührungspunkte zwischen der o. a. Regelung und den künftigen Richtlinien über die geologisch-ökonomische Bewertung zu verzeichnen sein werden, ist eine klare Abgrenzung zwischen geologisch-ökonomischer Bewertung und Form und Inhalt der Konditionsanträge anzustreben.

Damit wird verhindert, daß diesbezügliche Unklarheiten die zielstrebige Durchsetzung der geologisch-ökonomischen Bewertung hemmen. Die Arbeitsgruppentagung bestätigte, daß Kondition und geologisch-ökonomische Bewertung einander nicht gleichzusetzen sind. Der Ständigen Kommission für Geologie im RGW wurde vorgeschlagen, zu diesem Thema eine gesonderte Beratung durchzuführen, mit dem Ziel, die Rolle der Konditionen bei der geologisch-ökonomischen Bewertung eindeutig zu klären.

Im Plan der geologischen Erkundungsarbeiten sind die Termine für die Fertigstellung der geologischen Ergebnisberichte als Staatsplanaufgaben festgelegt. Ihre Erfüllung oder Nichterfüllung sowie ihre Nichtbestätigung auf Grund von Qualitätsmängeln haben für die VVB und die Erkundungsbetriebe finanzielle Vorteile bzw. Sanktionen zur Folge. Daraus resultiert das Bestreben, nicht nur den bohrtechnischen Ablauf, sondern auch den geologischen Komplex der Erkundungsarbeiten (Projektierung, Dokumentation) nach einem Plan durchzuführen und dessen Einhaltung ständig zu kontrollieren. Die geologisch-ökonomische Bewertung stellt künftig im Rahmen der Anfertigung eines Ergebnisberichtes eine wichtige und bei der Planung der Arbeiten zu berücksichtigende Etappe dar. Die in dieser Phase der Arbeit herzustellenden Beziehungen zu anderen Industriezweigen und Projektierungsbüros können nicht allein Aufgabe des verantwortlichen Objektgeologen sein, sondern sind durch echte Wirtschaftsbeziehungen mit Vertragscharakter zwischen den Betrieben und Industriezweigen zu regeln.

Die bereits gegenwärtig vorhandene, jedoch vollkommen ungenügend gelenkte Zusammenarbeit mit dem Bergbau bei der Erarbeitung der Konditionsanträge war in der letzten Zeit häufig Ursache für die Nichterfüllung des Dokumentationsplans der VVB Feste Minerale. Derartige Mängel können bei obligatorischer Einführung der geologisch-ökonomischen Bewertung keinesfalls in Kauf genommen werden. Die Komplexität der Aufgabe erfordert zwischen Erkundungsbetrieben und Industrie eine ständige und enge Gemeinschaftsarbeit, die im Interesse der planmäßigen Übergabe der Erkundungsergebnisse recht bald in fest umrissene Bahnen gelenkt werden muß.

Im Verlauf der letzten zwei Jahre wurden in der geologisch-technisch-ökonomischen Projektierung geologischer Erkundungsarbeiten Fortschritte erzielt. Bis auf wenige Ausnahmen werden geologische Erkundungsvorhaben auf der Grundlage von Projekten durchgeführt. Die Qualität der Projekte kann jedoch noch nicht in allen Fällen befriedigen. Eine geologisch-ökonomische Begründung der Erkundungsvorhaben fehlt fast gänzlich. Vielfach wird nur auf staatliche Direktiven und Beschlüsse verwiesen. Die qualitative Weiterentwicklung der Projektierungsmethodik und die weitere Verbesserung des Inhalts der Projekte können nur im Zusammenhang mit der obligatorischen Einführung der geologisch-ökonomischen Bewertung gelöst werden.

Die im geologischen Ergebnisbericht vorzunehmende geologisch-ökonomische Bewertung der Lagerstätte bildet künftig zu einem wesentlichen Teil die Grundlage für die geologisch-ökonomische Begründung des Projektes für das nächsthöhere Erkundungsstadium, sofern im Ergebnis der geologisch-ökonomischen Bewertung die Fortführung der Erkundungsarbeiten gerechtfertig ist.

Geologisch-ökonomische Grundprojekte werden immer mehr zur Grundlage des Planes der geologischen Erkundungsarbeiten. Mit der Herstellung eines unmittelbaren Zusammenhangs zwischen Ergebnisbericht und Projekt — bezogen auf die geologisch-ökonomischen Teile — werden die wissenschaftlichen Grundlagen des Planes der geologischen Erkundungsarbeiten verbessert und die volkswirtschaftliche Zielstellung der Jahres- und Perspektivpläne stärker zum Ausdruck gebracht.

Die Lösung dieser Fragen wird vom Verf. als Hauptrichtung für die Weiterentwicklung der Planung geologischer Erkundungsarbeiten betrachtet. Nach Abschluß der bereits angeführten methodischen Arbeiten zur Konkretisierung der Prinzipien der geologisch-ökonomischen Bewertung, die zu einem wesentlichen Teil unter der Verantwortung der VVB Feste Minerale gelöst werden können, ist die Herausgabe entsprechender Richtlinien und Ordnungen erforderlich.

Literatur

Protokoll der Arbeitsgruppentagung der Ständigen Kommission für Geologie im RGW zum Thema „Grundlegende Methoden der geologisch-ökonomischen Bewertung von Lagerstätten fester Minerale in den einzelnen Stadien der geologischen Erkundung", Berlin, Juli 1964.

Die Bedeutung der geologisch-ökonomischen Bewertung von Lagerstätten fester mineralischer Rohstoffe in den einzelnen Stadien der geologischen Erkundung*)

KURT HIRSCH, Berlin

Vorbemerkung

In der Zeit vom 20. 7.—25. 7. 1964 hat in Berlin eine RGW-Tagung der Ständigen Kommission für Geologie stattgefunden, auf der nur ein Tagungsordnungspunkt, den die DDR-Delegation vorbereitet hatte, zur Diskussion stand: „Hauptmethoden der geologisch-ökonomischen Bewertung von Lagerstätten fester mineralischer Rohstoffe in den einzelnen Stadien der geologischen Erkundung".

Bereits bei der Vorbereitung dieses Themas hat sich gezeigt, daß es bei allen beteiligten Ländern eine gemeinsame Auffassung über die Notwendigkeit der Ausarbeitung von geologisch-ökonomischen Bewertungen von Lagerstätten gibt, daß aber über die Aufgaben und den Inhalt derselben verschiedene Ansichten vertreten wurden. Das ist insofern nicht verwunderlich, weil in den einzelnen Ländern unterschiedlich an diesem Thema gearbeitet worden ist und außerdem der Entwicklungsstand in der geologischen Erkundung und noch mehr die Lagerstättenverhältnisse (das Lagerstättenangebot) dabei einflußreiche Faktoren darstellen.

In den auf der Tagung geführten Diskussionen schälte sich immer stärker der neue Charakter der geologischen Erkundung als Wissenschaft heraus, die als „ökonomische Geologie" bezeichnet werden kann. Damit zeigt sich aber immer deutlicher, daß die geologische Erkundung nur unter dem Aspekt der Wissenschaftlichkeit, nach den Gesetzmäßigkeiten in der Natur, aber auch nach den allgemeingültigen ökonomischen Gesetzmäßigkeiten durchgeführt werden kann, wenn brauchbare Ergebnisse erzielt werden sollen. Dabei kommt es aber darauf an — das ist wahrscheinlich das entscheidende Kriterium — die geologische Erkundung mit der für sie brauchbaren, spezifischen Ökonomik zu durchdringen und damit stimulierend auf sie einzuwirken.

Eine wichtige Frage — und nur diese soll hier behandelt werden — ist die geologisch-ökonomische Bewertung von Lagerstätten fester mineralischer Rohstoffe. Es ist notwendig, sich nach jedem Stadium der Erkundung (Suche, Vorerkundung und Detailerkundung) Gewißheit darüber zu verschaffen, ob das dabei gewonnene Ergebnis dazu berechtigt, die Erkundung fortzusetzen, sie abzubrechen oder den Vorschlag für den Aufschluß der Lagerstätte zu machen.

Deshalb muß gefordert werden, daß die geologisch-ökonomische Bewertung der Lagerstätte ein obligatorischer Bestandteil jedes geologischen Ergebnisberichtes ist.

Der theoretische Stand der Arbeiten über geologisch-ökonomische Bewertungen von Lagerstätten in der DDR

Bei der Durchsicht der einschlägigen Literatur fällt auf, daß sich nur ein sehr kleiner Kreis von Autoren mit diesem Thema beschäftigt hat, wobei nochmals unterschieden werden muß, daß eigentlich nur F. STAMMBERGER dieses Thema umfassend in seinem Beitrag „Zur ökonomischen Bewertung von Lagerstätten nutzbarer Rohstoffe"[1]) behandelt hat. Alle anderen Veröffentlichungen, wie z. B. von G. HOLLWEG, K.-H. BINTIG, J. KÖHLER, E. MÜLOT und WINTERHOFF, beschäftigen sich nur mit Detailfragen aus diesem umfangreichen und wichtigen Gebiet.

Der Beitrag von F. STAMMBERGER hat dazu beigetragen, daß bei vielen Geologen das Verständnis für die Zusammenhänge und die Wechselbeziehungen von Erkundungsgeologie und Ökonomie gewachsen ist und immer mehr in der praktischen Arbeit der in der Erkundung tätigen Geologen seinen Niederschlag findet.

Die wichtigsten Schlußfolgerungen aus der Arbeit von F. STAMMBERGER werden auszugsweise nochmals angegeben. Darin heißt es:[2])

„Unter Berücksichtigung der dargelegten Aufgaben wurde vom Verf. vorgeschlagen,

1. zwischen industrieller Einschätzung und ökonomischer Bewertung einer Lagerstätte zu unterscheiden.

Die industrielle Einschätzung einer Lagerstätte beurteilt ihre Eignung zu einer industriellen Nutzung.

Die ökonomische Bewertung der Lagerstätte beurteilt ihre Bedeutung für die Volkswirtschaft und entscheidet über die Zweckmäßigkeit, die Lagerstättenmöglichkeiten jetzt oder zu einem anderen Zeitpunkt zu realisieren.

2. Die Eignung eines Lagerstättenvorrates zu seiner Nutzung wird durch dessen Zuordnung zu den Bilanzvorräten ausgedrückt. Grundlage für eine solche Beurteilung sind die

*) Eingang des Manuskripts in der Redaktion: 18. 9. 1964.

[1]) Freiberger Forschungshefte, C 147, Akademie-Verlag, Berlin 1962.
[2]) Ebenda, Seite 127—128.

allgemeinen Konditionen, welche sich auf die Ansprüche der Industrie an den Rohstoff stützen.

3. Konditionen sind in der Lagerstättenkunde ein Komplex minimaler — in gewisser Richtung auch maximaler — Forderungen, welche die Industrie auf Grund ihrer technischen Möglichkeiten und der volkswirtschaftlichen Zweckmäßigkeiten für eine Nutzung des Rohstoffes gegenwärtig und in der nächsten Zukunft stellen muß.

4. Die ‚Konditionen' für einen in Förderung stehenden Betrieb müssen die vorhandenen technischen Enrichtungen, die Planaufgabe und andere Faktoren berücksichtigen, d. h., sie ergeben sich einerseits aus der vorhandenen betrieblichen Situation und andererseits aus volkswirtschaftlichen Gesichtspunkten. Ihre Gesamtheit findet in der Planauflage (geplante Förderung, geplanter Metallinhalt, durchschnittlicher geplanter Gehalt, geplante Gestehungskosten usw.) ihren konkreten Ausdruck. Die betrieblichen Konditionen sind daher mit den Planauflagen identisch.

5. Die Differenz zwischen den nach den allgemeinen Industriekonditionen berechneten Bilanzvorräten und jener Menge, die sich aus den ‚betrieblichen Konditionen' nach der Planauflage errechnet, wird als „bedingter Bilanzvorrat" bezeichnet.

6. Die Summe aller nach den allgemeinen Konditionen berechneten Vorräte ist die Vorratsmenge, die technisch-ökonomisch überhaupt für eine Nutzung zur Verfügung steht. Sie ist wichtig für die Perspektivplanung.

Die Summe aller nach den ‚Betriebskonditionen' berechneten Vorräte ist die Vorratsmenge, die gegenwärtig genutzt wird bzw. für eine Nutzung im Plan vorgesehen ist. Sie ist wichtig für die Planung des Industriezweiges und der Betriebe.

Die Differenz beider Vorratssummen zeigt jene Reserve, die beim erreichten Niveau der Technik gegenwärtig noch für die Wirtschaft genutzt werden könnte.

7. Die industrielle Einschätzung einer Lagerstätte berücksichtigt die Quantität und Qualität der festgestellten Vorräte (gemäß den Richtlinien der ZVK), nennt die optimale Betriebskapazität des vorgesehenen Gewinnungsbetriebes, schätzt die hierfür benötigten Investitionen ein und berechnet die zu erwartenden Selbstkosten pro Tonne Förderprodukt bzw. Metallinhalt.

8. Die ökonomische Bewertung der Lagerstätte ermittelt die Bedeutung der Lagerstätte für die Volkswirtschaft. Sie stützt sich dabei auf die Ergebnisse der industriellen Einschätzung und berücksichtigt alle volkswirtschaftlich wirksamen Faktoren. Hauptkriterien sind hierbei: die mögliche Verbesserung der Rohstoffbilanz des Landes, die mögliche Einsparung gesellschaftlicher Arbeit, die Beseitigung oder Milderung bestehender Disproportionen in der Wirtschaft, die Höhe der benötigten Mittel und ihre Tilgungsfristen.

9. Die industrielle Einschätzung sollte durch Anweisung der ZVK zum verpflichtenden Bestandteil der eingereichten Vorratsberechnungen werden. Sie sind vom Erkundungsgeologen evtl. in Zusammenarbeit mit oder durch Konsultation mit Projektanten und Betriebswirtschaftlern anzufertigen.

10. Die ökonomische Bewertung der Lagerstätten obliegt der Staatlichen Plankommission, die hierzu ihre Institute, die Projektierungsbüros der VVB und die VVB heranzieht. Die endgültige Entscheidung liegt in den Händen der Leitung der Wirtschaft der Deutschen Demokratischen Republik."

Aus dieser Zusammenfassung wird erkennbar, daß F. STAMMBERGER bei der Betrachtung einer erkundeten Lagerstätte zwischen industrieller Einschätzung und ökonomischer Bewertung unterscheidet und diese für zweckmäßig hält.

Im Entwurf über die Grundprinzipien für die ökonomisch-geologische Bewertung fester mineralischer Rohstoffe der Arbeitsgruppentagung des RGW vom 25. Juli 1964 wird u. a. vorgeschlagen:[3])

Die geologisch-ökonomische Bewertung von Lagerstätten im Prozeß der geologischen Erkundungsarbeiten ist die Ermittlung ihrer volkswirtschaftlichen Bedeutung.

Der geologisch-ökonomischen Bewertung von Lagerstätten fester mineralischer Rohstoffe in allen RGW-Mitgliedsländern liegt das allgemeine Prinzip der konsequenten Annäherung hinsichtlich der Zuverlässigkeit der Angaben und der Genauigkeit der Berechnungen, die eine Stadienfolge bei der Sammlung geologischer Angaben über die Lagerstätte voraussetzt, zugrunde.

In Übereinstimmung mit diesem Prinzip wird der einheitliche Prozeß der geologischen Erkundungsarbeiten auf einer Lagerstätte bedingt in drei Stadien eingeteilt: Suche, Vorerkundung und Detailerkundung, bei deren Realisierung eine entsprechende geologisch-ökonomische Bewertung vorzunehmen ist.

Die geologisch-ökonomische Bewertung von Lagerstätten bildet einen obligatorischen Bestandteil aller geologischen Ergebnisberichte in allen Erkundungsstadien und wird mit folgendem Ziel durchgeführt:

Ermittlung der ökonomischen Zweckmäßigkeit einer industriellen Nutzbarmachung der in Erkundung stehenden Lagerstätte;

Entscheidung der Frage über den Übergang der Arbeiten von den Anfangs- zu den Folgestadien geologischer Erkundungsarbeiten sowie über die Bestimmung der Hauptrichtungen des Umfanges und Aufwandes für die geologischen Erkundungsarbeiten;

Ermittlung der möglichen Bedeutung der zu erkundenden Lagerstätten für die Deckung des Bedarfs der Volkswirtschaft an der betreffenden Rohstoffart unter Berücksichtigung des Standes und der Entwicklungsperspektiven für deren Rohstoffbasis;

Die Leiter der Delegationen während des Abendempfangs zum Abschluß der Tagung

[3]) Anlage 4 zum Protokoll der Arbeitsgruppentagung v. 25. Juli 1964.

Lagerstättenschutz, ausgehend von den gesamtstaatlichen Interessen des betreffenden Landes.

Zusammenfassend wird eingeschätzt: Die geologisch-ökonomische Bewertung von Lagerstätten dient letzten Endes als Grundlage für die Entscheidung über die industrielle Nutzbarmachung einer Lagerstätte sowie den Termin der Nutzung und umfaßt alle Ausgangsdaten für die Ausarbeitung eines technischen Projektes zur Errichtung eines Bergbaubetriebes.

Dieser Vorschlag deutet darauf hin, daß es durchaus möglich und auch zweckmäßig ist, unter dem Begriff der geologisch-ökonomischen Bewertung einer Lagerstätte alle Faktoren der Bewertung zusammenzufassen, die bei F. STAMMBERGER unter den Begriffen „Industrielle Einschätzung" und „Ökonomische Bewertung" auftauchen.

Für die Entscheidung der Fortführung von Erkundungsarbeiten oder die Empfehlung für den Aufschluß einer neuerkundeten Lagerstätte ist es nicht nur wichtig, die Faktoren kennenzulernen, die F. STAMMBERGER in der „Industriellen Einschätzung" fordert, sondern es ist unbedingt notwendig, auch alle die Faktoren einzubeziehen, die er für die „Ökonomische Bewertung" einer Lagerstätte verlangt.

Daraus ergibt sich aber, daß nach jedem Stadium der Erkundung — zwar unterschiedlich im Umfang, in der Methode und den Kennziffern — die ökonomische Bewertung der Lagerstätte zu erfolgen hat. Sie muß einen Komplex von technisch-ökonomischen Kennziffern enthalten, die es gestatten, die volkswirtschaftliche Bedeutung der Lagerstätte zu erkennen und auf dieser Grundlage Entscheidungen zu treffen.

Bei der Durchführung des Neuen Ökonomischen Systems der Planung und Leitung der Volkswirtschaft spielt die weitere Entwicklung der wissenschaftlichen Planung eine große Rolle. Es geht im wesentlichen darum, solche Unterlagen zu schaffen, die es ermöglichen, einen höheren Grad an wissenschaftlicher Voraussicht in der ökonomischen Entwicklung zu erreichen und die Proportionalität der volkswirtschaftlichen Prozesse durchzusetzen. Auf der 5. Tagung des ZK der SED wurde die neue Rolle der Perspektivplanung wie folgt begründet:

„. . ., daß wir eine sorgfältige und zugleich kühne Prognose der Entwicklung der Produktivkräfte in den nächsten 20 Jahren brauchen, eine Voraussicht, die die technische Umwälzung in ihrer ganzen Tragweite erfaßt. Die Festlegung der Perspektive und ihre Widerspieglung im Plan kann nur richtig sein, wenn sie von der Kenntnis der Erfordernisse ausgeht, die die wissenschaftlich-technische Entwicklung im Zeitraum bis 1970 und weiter bis 1980 stellt. Von dieser Position aus müssen wir zurückrechnen und die unmittelbar bevorstehenden Abschnitte der ökonomischen Entwicklung bestimmen.

Das ist eine prinzipiell andere Methode der Planung, die nicht wie bisher vom gegenwärtigen Zustand ausgeht, sondern von den qualitativen Veränderungen, vom voraussichtlichen Stand in der Zukunft aus an die Gegenwart anknüpft. Diese Methode der Planung schafft neue Maßstäbe und verlangt schonungslose Vergleiche mit dem Weltstand."[4])

[4]) ERICH APEL & GÜNTER MITTAG: Ökonomische Gesetze und Neues Ökonomisches System. — Dietz Verlag, Berlin 1964, S. 90.

Die geologisch-ökonomische Bewertung einer Lagerstätte kann bei richtiger Ausarbeitung durchaus eine Unterlage für die Perspektivplanung in dem obengenannten Sinne darstellen. Deshalb kommt es darauf an, ein Kennziffernsystem zu schaffen, das sich sinnvoll in das System von Kennziffern der jeweiligen Industriezweige einordnet und einen Vergleich mit dem Weltstand zuläßt.

Die Hauptmethoden der geologisch-ökonomischen Bewertung in den verschiedenen Stadien der geologischen Erkundung

Es werden im wesentlichen drei Hauptmethoden für die Kostenberechnung unterschieden, die in Abhängigkeit vom Umfang und der Genauigkeit der vorhandenen Materialien in den verschiedenen Stadien der geologischen Erkundung zur Anwendung gelangen:

1. die graphische Methode,
2. die Analogiemethode,
3. die Methode der direkten Berechnung nach Grobkennziffern.

Die graphische Methode wird im wesentlichen auf Grund ihrer geringen Genauigkeit nur für die Suche anzuwenden sein.

Die Analogiemethode wird dann Erfolg haben, wenn bereits genauere Kenntnis über die Lagerstätte besteht, geologisch-ökonomische Parameter vorliegen und Vergleiche zu anderen Lagerstätten möglich sind. Das wird meist nach der Vorerkundung zutreffen.

Die direkte Berechnung nach Grobkennziffern, soweit diese vorhanden sind, ist die sicherste Methode und den beiden anderen Methoden vorzuziehen. Sie setzt allerdings voraus, daß genügend genaue geologisch-ökonomische Parameter der erkundeten Lagerstätte vorliegen. Diese Methode wird oftmals bereits im Stadium der Vorerkundung Anwendung finden, muß aber unbedingt im Stadium der Detailerkundung gefordert werden. Außerdem ist es durchaus möglich, alle drei genannten Methoden in Kombination zu benutzen.

Wichtig ist es, bei der direkten Berechnung nach Grobkennziffern eine richtige Auswahl dieser Kennziffern festzulegen, die es gestatten, die erkundete Lagerstätte in ihrer volkswirtschaftlichen Bedeutung einzuschätzen.

Es kann nicht Aufgabe dieses Beitrages sein, Vorschläge für Kennziffern für geologisch-ökonomische Bewertungen von Lagerstätten nach den einzelnen Erkundungsstadien zu machen.

Hier sei lediglich der Hinweis gegeben, daß es bereits Ausarbeitungen gibt, die in die Praxis Eingang gefunden haben und in allen Industriezweigen benutzt werden. In der „Vorläufigen Anleitung zur Begutachtung von Aufgabenstellungen und deren inhaltliche Aussagekraft"[5]) werden viele Fragenkomplexe dargestellt, die sich auch sinngemäß bei geologisch-ökonomischen Bewertungen von Lagerstätten anwenden lassen. Es wäre zweckmäßig, aus dieser Richtlinie entsprechend den angeführten Komplexen Grobkennziffern für geologisch-ökonomische Bewertungen ab-

[5]) Staatliches Büro für die Begutachtung von Investitionsvorhaben. — Verlag Die Wirtschaft, Berlin 1963.

zuleiten, weil damit eine Verbindung zu den bestehenden gesetzlichen Bestimmungen zu der „Verordnung über die Planung, Vorbereitung und Durchführung von Investitionen"[6]) geschaffen werden würde. Damit wäre es auch möglich, die geologisch-ökonomische Bewertung der Lagerstätte, ohne daß wesentliche Veränderungen notwendig sind, als Grundlage für die volkswirtschaftliche Aufgabenstellung zu verwenden.

Wenn es nach dem Stadium der Suche zumeist ausreicht festzustellen, ob es sich bei dem angetroffenen Mineral um eine Lagerstätte handelt, genügt diese Feststellung nach dem Stadium der Vorerkundung bei weitem nicht mehr. Hier ist es bereits notwendig, den Nachweis zu erbringen, ob die erkundete Lagerstätte unter den gegebenen volkswirtschaftlichen Bedingungen ökonomisch genutzt werden kann. Diese Aussage muß bereits eindeutig sein, weil eine Entscheidung notwendig wird, ob die Detailerkundung vorzunehmen ist.

In der bisherigen Praxis hat sich gezeigt, daß der Ausarbeitung von „Industriellen Einschätzungen" noch nicht genügend Aufmerksamkeit geschenkt worden ist. Deshalb sei es gestattet, auf ein Beispiel hinzuweisen, das mit dieser unrühmlichen Tradition gebrochen hat. In der Lagerstätte Spremberg wurde sofort nach Abschluß der Vorerkundung mit der Ausarbeitung der geologisch-ökonomischen Bewertung begonnen.

Weil es sich im Falle der Lagerstätte Spremberg um eine Lagerstätte handelt, die viele komplizierte und weit verzweigte Fragen aufwirft, war es völlig richtig, daß der VEB Geologische Erkundung Süd, Freiberg, dem VEB Forschung und Projektierung Erzbergbau, Leipzig, einen Auftrag zur Ausarbeitung der „Industriellen Einschätzung" erteilt hat. Es wurde hier offensichtlich berücksichtigt, daß der Erkundungsgeologe allein, ohne einen dafür eigens geschaffenen Apparat und dessen vielfältige Möglichkeiten, wahrscheinlich überfordert worden wäre. Der Erkundungsgeologe lieferte im wesentlichen alle aus der Vorerkundung gewonnenen Fakten, Werte und Erkenntnisse, die die Grundlage für alle anderen Betrachtungen in der „Industriellen Einschätzung" darstellen. Bevor auf den Inhalt dieser Arbeit eingegangen wird, sei auf das Protokoll der RGW-Arbeitsgruppe[7]) hingewiesen. Dort wird unter „Inhalt der geologisch-ökonomischen Bewertung von Lagerstätten" folgendes ausgeführt:

„Die geologisch-ökonomische Bewertung von Lagerstätten, die es gestattet, die eventuelle Rolle der Lagerstätte bei der Befriedigung des Bedarfs der Volkswirtschaft an dem betreffenden Rohstoff festzustellen, umfaßt folgende technisch-ökonomische Kennziffern:

1. geologisch-industrielle Parameter der Lagerstätte und geographisch-ökonomische Verhältnisse des Bezirkes;

2. Angaben über die mögliche Jahresproduktivität eines Betriebes;

3. orientierungsmäßiger Umfang der Investitionen, die für die Errichtung eines Betriebes erforderlich sind;

4. Angaben über die voraussichtlichen Selbstkosten für Gewinnung und Verarbeitung des Rohstoffs und Selbstkosten des Endproduktes (Konzentrat, Metall oder andere Produkte);

5. Kennziffern der Effektivität der Investitionen und der Rentabilität der Produktion."

Zum Schluß der Bewertung werden Vergleiche der Lagerstätte anhand der o. g. Kennziffern mit anderen Lagerstätten der gleichen Rohstoffart und mit den durchschnittlichen Kennziffern des Industriezweiges in dem betreffenden Land angestellt und Empfehlungen über die Zweckmäßigkeit der Durchführung der folgenden geologischen Erkundungsstadien und der industriellen Nutzung der Lagerstätten gegeben.

In der „Industriellen Einschätzung" Spremberg werden die Methode der direkten Berechnung nach Grobkennziffern und die Analogiemethode angewendet. Sie gliedert sich in folgende Abschnitte:

1. erhaltene Unterlagen,
2. Standortbericht,
3. Voraussetzung für die bergmännische Gewinnung,
4. bergmännnischer Aufschluß,
5. Verarbeitung,
6. Kosten,
7. Zeitplan,
8. Einschätzung (und Anlagen).

Geht man von der Aufgabe und dem Inhalt der geologisch-ökonomischen Bewertung einer Lagerstätte aus, dann ist in diesem konkreten Falle ein praktisches Beispiel geschaffen worden, das zwar noch nicht in allen Teilen als ausreichend bezeichnet werden, aber immerhin den Anspruch erheben kann, viele geforderte Gesichtspunkte nicht nur erfaßt, sondern auch von der Methode her richtig dargestellt zu haben. Damit wurde in dieser Hinsicht die Arbeit ihrer Aufgabe gerecht.

Zum Inhalt der einzelnen Abschnitte:

Standortbericht: Dieser Abschnitt gibt einen Überblick über die örtliche Lage und die Verkehrsverhältnisse und einen kurzen Abriß über den geologischen Aufbau der Lagerstätte, der zum Verständnis der nachfolgenden Fragen unbedingt notwendig, aber auch ausreichend ist.

Voraussetzung für die bergmännische Gewinnung: Hier wird der Versuch unternommen, Vergleiche mit bereits bekannten Lagerstätten durchzuführen und die Vor- und Nachteile der Lagerstätte gegenüber den vergleichbaren herauszuarbeiten. Es werden Erzvorratsmengen und Metallinhalte angegeben, die die Grundlage für die weiteren Berechnungen darstellen. Diese Angaben sind bereits stark detailliert, wie die Tabelle S. 636 zeigt.

Aus diesen Vorratsangaben (anstehende Vorräte) werden unter Berücksichtigung der Mansfelder Erfahrungen für noch nicht erfaßte Störungsgebiete, Sicherheitspfeiler u. a. bestimmte Prozentsätze abgesetzt. Danach wird der Abbauverlust eingeschätzt, so daß zum Schluß die bergmännisch gewinnbaren Vorräte ausgewiesen werden. Die Lebensdauer wird dann aus den üblichen Erfahrungswerten zur Ausnutzung der Grundmittel in Bergbaubetrieben und der gewinnbaren Erzmenge abgeleitet.

Bergmännischer Aufschluß: Es werden lediglich Überlegungen für die technologische Lösung des Auf-

[6]) Durchführungsbestimmung zur Verordnung, Gesetzblatt, Teil II, Nr. 69/1962.
[7]) Protokoll der RGW-Arbeitsgruppe zum Thema „Hauptmethoden der geologisch-ökonomischen Bewertung von Lagerstätten fester mineralischer Rohstoffe in den einzelnen Stadien der geologischen Erkundung". — Berlin, Juli 1964.

schlusses angestellt, die nicht einmal den Charakter einer Studie erreichen und dementsprechend nur die Möglichkeit bieten, eine sehr grobe Einschätzung der zu erwartenden Kostengestaltung vorzunehmen.

Verarbeitung: In der Betrachtung der Aufbereitbarkeit des Erzes wird von drei Erzcharakteren ausgegangen: 1. Flöz, 2. Hangendschichten, 3. Liegendschichten.

Es erfolgt dann eine schematische Darstellung der Mischmöglichkeiten der verschiedenen Erzsorten. Entsprechend der bisher festgestellten Dichte der Erzsorten wird angenommen, daß eine Trennung in einer Schwimm-Sink-Anlage gut möglich sein wird. Die Verhüttung von Kupfererz und Konzentrat aus der Lagerstätte wird eingehend behandelt, und Untersuchungen werden in zweierlei Richtungen durchgeführt:

1. Verhüttung in einer der Rohhütten des VEB Mansfeld-Kombinat;
2. Verarbeitung in einer neuzuerrichtenden Schmelzhütte im Raume Spremberg und Lieferung von Stein- und Flugstaub zur weiteren Verhüttung im VEB Mansfeld-Kombinat.

Kosten: Die überschlägige Ermittlung wurde auf Grund der in den vorangegangenen Abschnitten geschilderten Fakten, Erfahrungswerte und Annahmen durchgeführt.

Sie wurden gegliedert nach:

a) Anlagekosten für Bergbau und Verhüttung,
b) Betriebskosten für Bergbau und Verhüttung.

Im einzelnen wurden folgende Angaben gemacht:

	MDN/t Förderung
1. Aus- und Vorrichtung, Abbau	
1.1. Lohn- und Sozialkosten	
1.2. Energie und Hilfsmaterial	
1.3. Eigene und fremde Hilfsleistungen	
	,, ,,
2. Streckenförderung	,, ,,
3. Schachtförderung	,, ,,
4. Wasserhaltung	,, ,,
5. Wetterführung	,, ,,
6. Strecken- und Schachtunterhaltung	,, ,,
Summe Grundkosten Grube	,, ,,
7. Abteilungsgemeinkosten Grube (ca. 40% geschätzt)	,, ,,
7.1. Abschreibungen	
7.2. Sonstige Abteilungsgemeinkosten	
Summe der Abteilungskosten Grube	,, ,,
8. Betriebs- und andere Gemeinkosten ca. 31% der Grundkosten Grube	
Summe Selbstkosten Grube	,, ,,
9. Aufbereitungskosten incl. Gemeinkosten	
a. Schwimm-Sink-Anlage pro t Durchsatz in MDN	
b. Flotation pro t Durchsatz in MDN	

Die Berechnung wird dann weitergeführt, und zwar unter der Annahme der ausgewiesenen Erzmengen und Erzsorten, wobei sich eine bestimmte Aufteilung der Tagesförderung und der Kupferproduktion ergibt. Folgerichtig wird die Kostenermittlung für Roherz, Schwimmerz und Konzentrat allerdings mit den angenommenen Mengen der Erzsorten und ihrer Gehalte durchgeführt. Nach diesen Berechnungen erfolgt eine Kalkulation für E/Kupfer aus Spremberger Erzen auf der Grundlage einer Stufenkalkulation des VEB Mansfeld-Kombinat aus dem Jahre 1962 unter Berücksichtigung der Veränderungen nach der Industriepreisreform und der Umbewertung der Grundmittel.

Tabelle

	Umriß	Mächtigk. in m	Fläche (1000 m²)	Erz (1000 t)	kg/t	kg/m²	Cu/t
Feld Graustein	innerer	Zahlenwert	Zw.	Zw.	Zw.	Zw.	Zw.
	äußerer	,,	,,	,,	,,	,,	,,
Block I, Flöz	,,	,,	,,	,,	,,	,,	,,
Block II, Liegendes	,,	,,	,,	,,	,,	,,	,,
Block III, Hangendes	,,	,,	,,	,,	,,	,,	,,
usw.							

Einschätzung: In diesem letzten Abschnitt wird in der Zusammenfassung ein Urteil über die Lagerstätte und die Zweckmäßigkeit ihrer Nutzung gegeben. Zum besseren Verständnis des Textes und zur Beweisführung der Berechnungen werden umfangreiche Anlagen beigefügt.

Insgesamt kann gesagt werden, daß die erarbeitete „Industrielle Einschätzung" der Lagerstätte Spremberg in ihrem Inhalt die wesentlichen Fragen behandelt, die auch in Zukunft an eine geologisch-ökonomische Bewertung einer Lagerstätte gestellt werden müssen.

Schlußfolgerungen

In dem angeführten Beispiel der „Industriellen Einschätzung" der Lagerstätte Spremberg wurden die Notwendigkeit und die Bedeutung der Ausarbeitung dieses Dokumentes nach dem Stadium der Vorerkundung erkannt. Trotzdem ist der Wert der Ergebnisse dieser Arbeit nur gering, weil einige prinzipielle Fragen bisher in der Praxis nicht geklärt worden sind, von deren Klärung es aber in Zukunft abhängig sein wird, inwieweit die nach jedem Erkundungsstadium geforderte geologisch-ökonomische Bewertung ihre Aufgabe erfüllt und Grundlage von Entscheidungen über die Weiterführung von Erkundungsarbeiten oder den Aufschluß einer Lagerstätte sein kann.

Diese prinzipiellen Fragen bestehen darin, inwieweit der Zusammenhang zwischen Konditionen, Vorratsberechnung und geologisch-ökonomischer Bewertung der Lagerstätte verstanden wird und ihre Beziehungen zueinander so ausgenutzt werden, daß die Ergebnisse in der geologisch-ökonomischen Bewertung nicht nur methodisch richtig erarbeitet worden sind, sondern Werte darstellen, auf die sich Entscheidungen stützen können.

Bei der Ausarbeitung der „Industriellen Einschätzung" der Lagerstätte Spremberg wurden diese Zusammenhänge außer acht gelassen.

Die Hauptaufgabe besteht nach Meinung des Verf. deshalb darin, der Praxis Hinweise zu geben, wie man die Ausarbeitung der geologisch-ökonomischen Bewertung von Lagerstätten unter Einbeziehung der Konditionen und Vorratsberechnungen vornimmt.

Das „Wie" steht jetzt im Vordergrund! Zu seiner Durchsetzung ist es deshalb notwendig, daß die zuständigen Organe, die VVB Feste Minerale, die ZVK und die ZKK, den Umfang und den Inhalt von Konditionen, der Vorratsberechnungen und der geologisch-ökonomischen Bewertungen für die einzelnen Erkundungsstadien abstimmen, abgrenzen und gemeinsam verbindliche Festlegungen treffen, die die Beziehungen zwischen Konditionen, Vorratsberechnung und geologisch-ökonomischer Bewertung garantieren.

Zeitschrift für angewandte Geologie, Bd. 10 (1964) Heft 12

Über das rationelle Verhältnis von Erdöl- und Erdgasvorräten verschiedener Klassen und über die Methodik der Planung ihres Zuwachses[1]

A. A. TROFIMUK, Moskau

Die sich stürmisch entwickelnde erdgas- und erdölfördernde Industrie fordert gewaltige Vorräte an Erdöl und Erdgas, die rechtzeitig vorbereitet werden müssen. Die wichtigsten Fragen des rationellen Verhältnisses der verschiedenen Vorratsklassen und die Methodik der Planung ihres Zuwachses sind jedoch noch nicht in erforderlichem Maße begründet. In diesem Aufsatz wird der Versuch unternommen, das erforderliche Verhältnis zwischen den verschiedenen Vorratsklassen zu bestimmen und einige methodische Fragen der Planung des Vorratszuwachses und der Bestimmung der Effektivität der Such- und Erkundungsarbeiten zu lösen.

Die Vorbereitung von Vorräten muß in einem solchen Umfang geplant werden, der die planmäßige und wachsende Befriedigung der Bedürfnisse der Volkswirtschaft an Erdöl und Erdgas sichert. Erfahrungen und ökonomische Berechnungen zeigen, daß in Bezirken und Gebieten mit wachsender Förderung von Erdöl und Erdgas das minimal notwendige Verhältnis zwischen den Vorräten der Klasse A und der Jahresförderung 20:1 sein muß. Das entspricht einem Entnahmetempo von im Mittel 4 bis 5% der vorbereiteten Vorräte.[2]) Solch ein Verhältnis zwischen Vorräten und Förderung kann unbegründet hoch erscheinen, weil in den USA zum Beispiel im Verlauf der letzten 20 Jahre die Vorräte nur 11- bis 13mal höher waren als der Umfang einer Jahresproduktion. Es muß jedoch berücksichtigt werden, daß erstens in den USA in diesem Verhältnis nur die Vorräte der Klasse A_1 fungieren (nicht einmal alle A-Vorräte), das heißt exakt bestimmte, durch beendete Bohrungen gesicherte Vorräte. Bei uns werden unter industrielle Vorräte die Vorräte der Klasse A + B gerechnet, das heißt Vorräte auf völlig erkundeten Flächen, auf denen aber noch keine Produktionsbohrungen niedergebracht wurden, und sichere Vorräte (Klasse B), die noch eine weitere Erkundung erfordern. Zweitens weiß in den USA selbst der Präsident nicht sicher, wieviel festgestellte Vorräte in allen Klassen das Land tatsächlich besitzt. Die Vorratsbilanz für Erdöl führt in den USA das Amerikanische Erdölinstitut durch, das von den Erdölfirmen finanziert wird, ihnen rechenschaftspflichtig ist und streng nur Vorräte der Klasse A_1 berücksichtigt. Die Vorratslage jeder einzelnen Firma und besonders die Vorräte in neuen Feldern sind strengstes kommerzielles Geheimnis. Daher kennt in den USA niemand außer den Erdölindustriellen selbst, auf welche Vorratsbasis sich der Umfang der jährlichen Förderung tatsächlich stützt. Nach inoffiziellen Angaben, dabei offensichtlich zu niedrig, haben die USA eine mindestens 36fache Sicherung ihrer Förderung mit Vorräten, die den Vorräten unserer Klassen A und B entsprechen.

Wenn man annimmt, daß für eine normale Entwicklung der Erdöl-Erdgas-Förderung nicht weniger als eine 30fache[3]) Sicherung der jährlichen Entnahme von Erdöl und Erdgas mit Vorräten der Klassen A + B erforderlich ist, entsteht die Frage, in welcher Proportion zu den Vorräten A + B die Vorräte der niedrigeren Klasse C_1 geplant werden müssen.

Vorräte der Kategorie C_1 werden durch Such- und Erkundungsbohrungen festgestellt. Das sind in der Regel Erdölvorräte, die auf neuen Flächen entdeckt worden sind. Die Erfahrung zeigt, daß in der überwiegenden Mehrzahl der Fälle kleine Erdöllagerstätten gefunden werden, große Lagerstätten werden verhältnismäßig selten entdeckt. Um eine minimale Auswahl an Flächen für die industrielle Erkundung zu haben, die durch die Ergebnisse der Suchbohrungen bestimmt wird, ist mindestens erforderlich, durch das Doppelte an Vorräten der Klasse C_1 die industriellen Vorräte der Klassen A + B zu sichern. Nach dem gleichen Gedankengang empfiehlt es sich, die Vorräte der Klasse C_2 doppelt so hoch wie die Vorräte der Klasse C_1 einzuplanen.

Es ist unbedingt erforderlich, auch den Zuwachs der prognostischen Vorräte von Erdöl zu planen, die ebenso wie die Vorräte der höheren Klassen nicht unendlich sind. Wenn die geologischen Voraussetzungen Grund dazu geben, mit einem weiteren Anwachsen der prognostischen Vorräte an Erdöl und Erdgas zu rechnen, müssen sie ebenfalls in einem Umfang eingeplant werden, der den festgelegten Zuwachs der prognostischen[4]) Vorräte um das Doppelte übersteigt.

Die Effektivität der Such- und Erkundungsarbeiten auf Erdöl und Erdgas wird gewöhnlich durch Kennziffern gemessen, wie Zuwachs der Vorräte dieser oder jener Kategorie auf einen Bohrmeter der Such- und Erkundungsarbeiten oder auf eine Bohrung sowie der Kosten für den Zuwachs einer Tonne Vorräte in den industriellen Klassen A + B. Es ist offensichtlich, daß die letzte Kennziffer allumfassend ist. Deshalb muß sie zur Bestimmung der Effektivität aller Etappen der geologischen Such- und Erkundungsarbeiten angewendet werden. So wird die Effektivität des Erkundungsbohrens durch die Kosten des Zuwachses einer Tonne Vorräte der Klasse A + B bestimmt; die Effektivität des Suchbohrens durch die Kosten der Vorbereitung von C_1-Vorräten; die Effektivität der Arbeiten zur Entdeckung von Strukturen, die günstig für eine industrielle Konzentration von Erdöl und Erdgas

[1]) Aus: „Geologija nefti i gasa", Nr. 7, S. 17–20 (1964).
Übers.: G. MOLLE

[2]) Bei einem solchen Entnahmetempo werden die Investitionen am effektivsten genutzt und die ökonomischen Kennziffern für den Abbau erreicht.

[3]) Die Kosten für die Vorbereitung von Vorräten der Klasse A übersteigen etwa um das 4fache diejenigen für die Klasse B. Wenn in der Vorratssumme A + B die Summanden etwa gleich sind, führen die auf Klasse A umgerechneten Vorräte etwa zu einer 20fachen Sicherung der Jahresförderung.

[4]) Offensichtlich ein Druck- bzw. Schreibfehler des Verfassers. Gemeint sind vermutlich die Vorräte der Klasse C_2 (D. R.).

sind, durch die Kosten zur Vorbereitung der C_2-Vorräte.[5]) Sogar die Effektivität regionaler Forschungsarbeiten, der Basisbohrungen, die den wissenschaftlichen Forschungsarbeiten zur Bestimmung von prognostischen Vorräten dienen, sollte durch die Kosten des Zuwachses einer Tonne prognostischer Vorräte gemessen werden. Dabei müssen alle Vorratsklassen einheitlich bestimmt werden, d. h. entweder potentielle oder gewinnbare Vorräte. Für praktische Zwecke ist es besser, mit gewinnbaren Vorräten zu operieren.

Für die Einschätzung der Effektivität geologischer Such- und Erkundungsarbeiten durch die erwähnten Kennziffern müssen alle Ausgaben, die in der Vergangenheit gemacht worden und für die Zukunft geplant sind, in vier Gruppen aufgeteilt werden, die den vier Etappen der geologischen Such- und Erkundungsarbeiten entsprechen.

Die erste Etappe schließt die Ausgaben für Basisbohrungen (Stützbohrungen), für regionale geophysikalische Arbeiten, für regionale Profilbohrungen, für allgemeine geologische Kartierung, für thematische Forschungen usw. ein. Zweck aller dieser Ausgaben ist die Vorbereitung prognostischer Erdölvorräte.

Die zweite Etappe berücksichtigt die Ausgaben beim Suchen von örtlichen Fallen und ihre Vorbereitung für das Suchbohren mittels übersichtsmäßiger und detaillierter geologischer, geophysikalischer und thematischer Forschungen mit dem Ziel, Fallen zu entdecken und zu kartieren. Zweck aller dieser Ausgaben ist die Vorbereitung von C_2-Vorräten.

Die dritte Etappe schließt die Ausgaben für Suchbohrungen ein, die Vorräte der Klasse C_1 ermitteln.

Die vierte Etappe umfaßt die Ausgaben für Erkundungsbohrungen, die Vorräte der Klasse A + B vorbereiten.

Für die Bestimmung der Kosten des Zuwachses einer Tonne Vorräte dieser oder jener Klasse ist es wichtig, von Jahr zu Jahr den Zuwachs jeder Klasse richtig zu bestimmen, was nicht überall korrekt durchgeführt wird. Es seien z. B. die Vorräte per 1. 1. 1964 der Klassen A + B 10 Mill. Tonnen und die Vorräte der Klasse C_1 20 Mill. Tonnen; es sollen ferner die Vorräte per 1. 1. 1963 der Klassen A + B 5 Mill. Tonnen und der Klasse C_1 15 Mill. Tonnen gewesen sein.

Oft wird der Zuwachs der Vorräte durch Subtraktion bestimmt, d. h., in unserem Beispiel ergibt sich dann, daß der Zuwachs der C_1-Vorräte 5 Mill. Tonnen betrug und der Zuwachs der Kategorien A und B ebenfalls 5 Mill. Tonnen. Tatsächlich ergibt sich der Zuwachs der Vorräte der Klasse C_1 nicht durch unmittelbare Subtraktion der C_1-Vorräte 1963 von den C_1-Vorräten 1964, sondern durch die Subtraktion der Summe der Vorräte der Kategorien A + B + C_1 1963 von derselben Summe des Jahres 1964. Dann erhalten wir eine richtige Vorstellung über den Zuwachs der Vorräte der Klasse C_1, der nicht gleich 5 Mill., sondern gleich 10 Mill. Tonnen ist. Mit anderen Worten, der jährliche Zuwachs der Vorräte einer bestimmten Klasse wird mittels Subtraktion der Summe der Vorräte der gesuchten Klasse und der höheren Klasse des vorhergehenden Jahres von der Summe der Klasse (derselben wie im Vorjahr) des laufenden Jahres bestimmt.[6]) Die Kennziffern der Effektivität sind mit der nötigen Zuverlässigkeit in einer geologischen Verwaltung bestimmt worden. Mit diesen Angaben werden wir im weiteren auch operieren. Von 1948 bis 1957 betrugen die Kosten der Vorbereitung einer Tonne geförderter Erdöl- und Erdgasvorräte hier 0,0869 Rubel. In der Zeit von 1958 bis 1961 wurden diese Kosten bis auf 0,0012 Rubel gesenkt. Diese Periode wird durch einen äußerst effektiven Zuwachs von Erdöl- und Erdgasvorräten charakterisiert. Für den Planungszeitraum kann kaum mit einer grundlegenden Verbesserung dieser Kennziffern gerechnet werden. Deshalb wird diese Kennziffer als für die ganze Planperiode konstant angenommen.

Die Kosten für die Vorbereitung einer Tonne Vorräte der Klasse C_2 in der Zeit von 1948 bis 1960 betrugen 0,78 Rbl. In den folgenden drei Jahren (1961, 1962, 1963) wurden diese Kosten stark gesenkt und betrugen entsprechend 0,0386; 0,0266 und 0,0032 Rbl. Im Durchschnitt von drei Jahren betrugen die gewogenen Kosten der Vorbereitung einer Tonne C_2-Vorräte 0,0087 Rbl.

Die Kosten für die Vorbereitung einer Tonne Vorräte der Klasse C_1 betrugen in den Jahren 1948 bis 1960 1,52 Rbl. In den Jahren 1961, 1962, 1963 wurden diese Kosten stark gesenkt bis zu jeweils 0,2849; 0,0848; 0,1180 Rbl., d. h. im Mittel auf 0,1253 Rbl.

Die Kosten für die Vorbereitung einer Tonne Vorräte der Klassen A + B betrugen für 1954—1960 0,4860 Rbl., 1961 betrugen die Kosten der Klasse B (Zuwachs in Klasse A war von 1961—1963 nicht zu verzeichnen) 0,2991 Rbl., 1962 wuchsen sie auf 0,5259 Rbl. an, im Jahre 1963 erreichten sie ihren niedrigsten Stand mit 0,1601 Rbl. Die gewogenen Kosten für die Vorbereitung einer Tonne Vorräte betrugen für die Jahre 1961—1963 im Durchschnitt 0,2374 Rbl.

In den genannten Kosten für die Vorbereitung einer Tonne Vorräte sind jedoch nur die direkten Ausgaben für die entsprechenden Etappen der Such- und Erkundungsarbeiten berücksichtigt. Die Gesamtkosten für die Vorbereitung einer Tonne Vorräte müssen auch die Ausgaben für die Vorbereitung einer Tonne Vorräte der niedrigeren Klassen einschließen.

Wenn die Kosten für die B-Vorräte in den letzten drei Jahren 0,2374 Rbl. betrugen, so müssen die vollen Vorbereitungskosten folgende Ausgaben einschließen: 0,0087 Rbl. für den Zuwachs einer Tonne Vorräte der Klasse C_2; 0,1253 Rbl. für die Vorbereitung einer Tonne C_1-Vorräte und 0,0012 Rbl. für die Vorbereitung einer Tonne prognostischer Vorräte. Die Gesamtkosten für die Vorbereitung der Vorräte der Klasse B betrugen folglich 0,2374 + 0,1253 + 0,0087 + 0,0012 = 0,3726 Rbl.

Die Gesamtkosten für die Vorbereitung einer Tonne Vorräte der Klasse C_1 betragen entsprechend 0,1253 + 0,0087 + 0,0012 = 0,1352 Rbl., und die Kosten für eine Tonne C_2-Vorräte 0,099 Rbl.

Wenn man von den Gesamtkosten für die Vorbereitung der Vorräte der Klassen A, B und C_1 spricht, muß auch die Rückerstattung der Mittel berücksichtigt werden, die sich durch Übergabe der Bohrungen, die industriellen Zufluß an Erdöl und Erdgas hatten, in den industriellen Exploitationsbohrfonds ergeben. Den

[5]) Dieser Vorschlag steht z. T. im Widerspruch zur DDR-Vorratsklassifikation (D. R.).

[6]) Wenn im Bezirk Erdöl oder Erdgas gefördert wird, wird in die Summe auch die Jahresförderung dieser nutzbaren Rohstoffe einbezogen.

geltenden Richtlinien zufolge senkt jede Bohrung, die industriellen Zufluß von Erdöl und Erdgas hatte, die Gesamtkosten für die Ermittlung der Vorräte um die mittleren Bohrkosten einer Produktionsbohrung unter den Bedingungen dieses Bezirkes.

Wenn man annimmt, daß von den Erkundungsbohrungen 50% mit industriellem Zufluß an Erdöl und Erdgas übergeben werden und sich von den Suchbohrungen 25% als produktiv erweisen und daß die Kosten einer Produktionsbohrung halb so hoch wie für eine Erkundungsbohrung und ein Viertel so hoch wie für eine Suchbohrung sind, so ist es nicht schwer zu berechnen, daß die Rückerstattung der Mittel durch produktive Bohrungen für Erkundungsbohrungen 25% und für Suchbohrungen 6,25% von den Gesamtkosten jeder dieser Bohrarten ausmacht.

In unserem Beispiel betragen die durchschnittlichen Kosten des Erkundungsbohrens 78 Rbl., des Suchbohrens 156 Rbl. und des Produktionsbohrens 39 Rbl.; dabei senken sich die Ausgaben für die Vorbereitung von Vorräten der Klasse B um 0,0593 Rbl., der Klasse C_1 um 0,0076 Rbl. Unter Berücksichtigung dieser Senkung betragen die Gesamtkosten für die Vorbereitung der Vorräte für die Klasse B 0,3132 Rbl. und für die Klasse C_1 0,1276 Rbl. Wenn man berücksichtigt, daß für die Vorbereitung einer Einheit der A-Vorräte viermal mehr Bohrmeter nötig sind als für die Vorbereitung der B-Vorräte, mit anderen Worten, viermal höhere finanzielle Ausgaben, so betragen die Kosten für die Vorbereitung einer Tonne A-Vorräte 0,3132 mal 4 = 1,2528 Rbl.

Es ist sehr wichtig, in welchem Verhältnis die Vorbereitungskosten einer Vorratseinheit der verschiedenen Klassen zueinander stehen (s. Tab.).

Tabelle

Vorratsklasse	Kosten einer t in Rbl.	
	relative	Gesamtkosten mit Abzug der Ausgabensenkung für A + B
prognostische	0,0012	0,0012
C_2	0,0087	0,0099
C_1	0,1253	0,1276
B	0,2374	0,9132
A	0,9892	1,2992

Es ist notwendig zu unterstreichen, daß sich die Kosten für den Zuwachs einer Einheit prognostischer Vorräte ungefähr um eine Größenordnung von den Kosten des Zuwachses bei C_2-Vorräten unterscheiden. Ihrerseits unterscheidet sich diese Klasse ungefähr um eine Größenordnung von den Kosten der Klasse C_1 und letztere ebenfalls ungefähr um eine Größenordnung von der Klasse A.

Nachdem auf der Grundlage einer Analyse der vorausgegangenen Arbeit die Kennziffern der Effektivität für die verschiedenen Arten der geologischen Such- und Erkundungsarbeiten bestimmt wurden, ausgedrückt durch die Kosten für den Zuwachs einer Vorratseinheit der verschiedenen Klassen, muß begründet werden, welche Kennziffern für die Effektivität in einer zu projektierenden Periode einzuplanen sind. Die Lösung dieser Aufgabe ist der schwierigste und wichtigste Teil bei der Planung des Zuwachses von Vorräten.

Die Geologen müssen abwägen, inwieweit jene Periode der Vorratsbereitung, die zur Bestimmung der Effektivitätskennziffern ausgewertet wurde, charakteristisch ist. Zur Bestimmung der durchschnittlichen Effektivität für den Zuwachs an Vorräten ist ein längerer Zeitraum nötig, etwa 3—5 Jahre. Dabei muß berücksichtigt werden, ob wesentliche geologische Voraussetzungen vorliegen, die eine Verbesserung der erhaltenen Durchschnittskennziffern erwarten lassen. Nehmen wir an, daß in der analysierten Periode vorwiegend kleine Lagerstätten mit geringem Zuwachs der Vorräte entdeckt wurden, die Vorbereitungsarbeiten aber Bedingungen für das Entdecken großer Lagerstätten festgestellt haben. In diesem Falle sind die Kosten des Vorratszuwachses im Vergleich mit den erreichten zu senken. Wenn jedoch die analysierte Periode durch den effektivsten Vorratszuwachs charakterisiert wird und sich die geologischen Voraussetzungen für das Entdecken neuer Lagerstätten nicht grundlegend verbessert haben, muß die erhaltene Kennziffer für die Effektivität für die gesamte Planperiode oder einen ihrer Teilabschnitte beibehalten werden. Dann muß der erforderliche Umfang für das Erkundungsbohren zur Vorbereitung des notwendigen Vorratszuwachses an Erdöl und Erdgas bestimmt werden, mit dem das vorgesehene Fördervolumen von Erdöl und Erdgas unter Berücksichtigung des 30fachen Überwiegens der Vorräte in den Klassen A + B über die Jahresförderung am Ende der Planperiode gesichert werden kann.

Der jährliche Zuwachs der Vorräte kann nach folgender Formel berechnet werden:

erforderlicher Zuwachs der Vorräte eines bestimmten Jahres
= geplante Förderung in dem betreffenden Jahr
+ 30 × geplanter Zuwachs der Förderung im Vergleich zu dem vorangegangenen Jahr.

Der so erhaltene summare Zuwachs der Vorräte für die Planperiode wird multipliziert mit der Kennziffer der Effektivität (Kosten des Zuwachses einer Tonne Vorräte in Rbl.), und auf diese Weise werden die direkten Gesamtausgaben für die Vorbereitung der Vorräte industrieller Vorratsklassen bestimmt.

Dann wird die Aufgabe gelöst (unter Berücksichtigung der voraussichtlichen Senkung der Bohrkosten), wieviel Erkundungsbohrmeter in jedem Jahr der Planperiode erforderlich sind. Sämtliche Angaben werden in eine Tabelle mit folgenden Spalten eingetragen:

1. Jahr;
2. Umlauf des Erkundungsbohrens, in m;
3. Kosten eines Bohrmeters, in Rbl.;
4. Kosten des Erkundungsbohrens, in 1000 Rbl.;
5. Kosten des Zuwachses einer Tonne Vorräte der Klassen A + B, in Rbl.;
6. Zuwachs der Vorräte, in 1000 t;
7. Zuwachs der Vorräte je Bohrmeter, in t.

Zur Bestimmung des Gesamtumlaufs der Vorbereitung der C_1-Vorräte werden folgende Berechnungen durchgeführt:

erforderlicher Zuwachs an C_1-Vorräten für die Planperiode = Summe der Vorräte in den Klassen A + B für die Planperiode
+ doppelte Summe der Vorräte der Klassen A + B.

Die Berechnung der Kosten für den Umfang des Suchbohrens und die Verteilung des Vorratszuwachses nach Jahren wird ebenso durchgeführt wie für die

Klassen A + B. Auf dieselbe Weise werden der nötige Umfang und die Mittelbereitstellung für die Vorbereitung der Vorräte der Klasse C_2 und der prognostischen Vorräte vorgenommen. Die Tabelle der Verteilung der Ausgaben und des Vorratszuwachses nach Jahren wird folgenden Inhalt haben:

1. Jahr;
2. Kosten der Arbeiten je Etappe, in 1000 Rbl.;
3. Kosten des Zuwachses einer Tonne Vorräte, in Rbl.;
4. Zuwachs der Vorräte, in 1000 t.

Nachdem die Berechnung der Kosten für die Vorbereitung der Vorräte der verschiedenen Klassen durchgeführt wurde, werden die Gesamtausgaben für die Vorbereitung der Vorräte für die zu planende Periode in einer Tabelle zusammengestellt. Von der Gesamtsumme der Ausgaben für die Such- und Erkundungsbohrungen werden die Mittel abgezogen, die durch die Übergabe der Bohrungen mit industriellem Zufluß von Erdöl und Erdgas zur Exploitation zurückerhalten werden.

Ebenso ist es nützlich, eine Aufstellung der Vorräte an Erdöl und Erdgas aller Klassen per 1. Januar jedes Planjahrs zusammenzustellen. Bei der Zusammenstellung einer solchen Tabelle werden von den Vorräten der niedrigeren Klassen die der höheren abgezogen, weil sich um diese die Vorräte der niedrigen Klassen auf Kosten ihrer Überführung in eine höhere Klasse verringern.

Das ist in allgemeinen Zügen die Methodik der Planung des Zuwachses der Erdölvorräte aller Klassen, ein erster Versuch zur Bestimmung der nötigen Proportionen zwischen den Vorräten der verschiedenen Klassen für Bezirke, in denen ein intensives Anwachsen der Erdöl- und Erdgasförderung geplant wird.

Mögliche Fehler bei Schwermineraluntersuchungen

Unter besonderer Berücksichtigung der Schwermineralanalysen bei Glassanden[1])

HANS-JOACHIM BLANKENBURG & KARL HEINZ JAGUSCH, Jena

(Mitteilung aus dem VEB Jenaer Glaswerk Schott & Gen., Jena)

Einleitung

Die vorliegende Arbeit entstand in folgender Weise: Bei unseren Glassanduntersuchungen konnten die Schwermineralien als die Hauptträger der Elemente Al, Ti, Fe und z. T. auch Ca und Mg ermittelt werden (BLANKENBURG 1964), so daß die nähere Beschäftigung mit diesen Mineralien wünschenswert erschien. Bei der Durchsicht der Literatur stießen wir zwar auf eine große Anzahl von Publikationen, aber nur auf verhältnismäßig wenige, die sich mit der Untersuchung der Schwermineralien in Glassanden befaßten. Das gesamte Literaturmaterial wurde gesichtet und in Verbindung mit den eigenen experimentellen Ergebnissen unter drei Gesichtspunkten ausgewertet: 1. Zusammenstellung der Beiträge über die Fehlerbetrachtungen zur Schwermineralanalytik, 2. Bedeutung der Schwermineralien in Glassanden, 3. Übersicht über die Schwermineralliteratur seit 1950.

Fehlermöglichkeiten bei der Schwermineralanalytik

Abtrennung der Schwermineralien

Es wurde davon ausgegangen, daß die Probe für das zu untersuchende Material repräsentativ ist (über Probenahme s. u. a. LANGE 1963, CLOSE 1962 und 1963) und daß der Siebfehler klein ist (über Siebanalysen s. P. SCHNEIDERHÖHN 1953, BATEL 1960, MOSEBACH 1954). Die Abtrennung der Schwermineralien von den jeweiligen Proben geschieht mit Hilfe von schweren Flüssigkeiten im Scheidetrichter bzw. in der Zentrifuge.

Schwere Flüssigkeiten

Eine reichhaltige Aufstellung solcher Flüssigkeiten ist im Taschenbuch von DANS & LAX (1949) zu finden. Die wichtigsten sind auch bei BONSTEDT-KUPLETSKAJA (1954) angegeben. Aus dieser Arbeit wurden die in Tab. 1 aufgeführten entnommen.

Tabelle 1

Benennung	Zusammensetzung	spez. Gewicht	Verdünnungsmittel
Bromoform	$CHBr_3$	2,88	Benzol, Xylol u. a.
Tetrabromäthan	$C_2H_2Br_4$	2,95	Benzol, Xylol u. a.
Thouletsche Lsg.	wäßrige Lsg. von KJ in HgJ_2	3,19	Wasser
Methylenjodid	CH_2J_2	3,3	Benzol, Xylol u. a.
Clerici-Lsg.	wäßrige Lsg. von Thalliumalonat u. Thalliumformiat	4,2	Wasser

Welche von diesen Flüssigkeiten wurden nun zum Abtrennen der Schwermineralien eingesetzt? Dazu eine kurze Zusammenstellung:

Bromoform: BERNT (1929), BLANKENBURG (1963 u. 1964), BRAND (1955), CLAUS (1936), ENGELHARDT (1939/40), GÖRZ (1962 u. 1963), HELING (1963), HUCKENHOLZ (1959), HUTTON (1950), ILLERS, RUDOLPH & SEIM (1963), KHARKWAL (1959), KOEN (1955), LUDWIG (1955), NEIHEISEL (1962), PILLER (1951 u. 1954), RUDOLPH & SEIM (1961), P. SCHNEIDERHÖHN (1957), SCHROEDER VAN DER KOLK (1896), SCHTSCHERBAKOW (1958), TRÖGER (1939/40).

Tetrabromäthan: BATES (1963), FAIRBAIRN (1955), GROBA & LUDWIG (1956), HALLBAUER (1961), SLAVIK (1952), STÖFFLER (1963).

Gemisch Tetrabromäthan/Methylenjodid (d = 3,05): ANDRÉE (1936), CLAUS (1936).

Zur weiteren Dichtetrennung der schweren Mineralien untereinander wurden benutzt: Methylenjodid (ANDRÉE 1936, PILLER 1954); Thouletsche Lösung (BERNT 1929); Clerici/Wasser (ANDRÉE 1936, RUDOLPH & SEIM 1961).

[1]) Eingang des Manuskripts in der Redaktion: 4. 8. 1964

Scheidetrichter oder Zentrifuge

Bevor Meinungen über die Anwendungsbereiche von Scheidetrichter und Zentrifuge angeführt werden, soll wiederum kurz zusammengestellt werden, wer jene und diese Abtrennungsmethode bevorzugte.

Scheidetrichter: BATES (1963), BLANKENBURG (1963 u. 1964), BRAND (1955), FAIRBAIRN (1955), HUCKENHOLZ (1959), HUTTON (1950), LUDWIG (1955), PILLER (1951 und 1954), P. SCHNEIDERHÖHN (1957), TRÖGER (1939/40).

Zentrifuge: ANDRÉE (1936), CLAUS (1936), CORRENS (1942/43), FAIRBAIRN (1955), GÖRZ (1963), GROBA & LUDWIG (1956), HALLBAUER (1961), HOPPE (1951), HUTTON (1950), ILLERS, RUDOLPH & SEIM (1963), KLEINSORGE (1936), PILKEY (1963), RUDOLPH & SEIM (1961), P. SCHEIDERHÖHN (1957), STÖFFLER (1963).

Zentrifugengefäße und -verfahren wurden beschrieben von: ANDRÉE & CLAUS (1935), CORRENS (1933), LANDERGREN (1951), LUKIN (1950), MOLNÁR (1959), MÜLLER (1929 und 1932), NICKEL (1955), RUDOLPH & SEIM (1961), TAYLOR (1933).

Welche Methode zum Abtrennen der Schwermineralien ist vorteilhafter?

CORRENS (1942/43) schreibt dazu, „daß die Zentrifuge zur Schwermineralabtrennung nur angewandt zu werden braucht, wenn sehr kleine Korngrößen untersucht werden müssen". Damit meint er Körnungen unter 0,06 mm. HUTTON (1943) kommt zu annähernd dem gleichen Ergebnis, steht aber damit nicht im Einklang mit anderen Autoren. In einer späteren Arbeit faßt HUTTON (1950) zusammen: "For grains finer than 0,125 mm in diameter the usual separating funnel methods are unsatisfactory, and such material must be separated centrifugally. This opinion is not in agreement with GROUTs (1937) findings on the efficacy of centrifuge separations, but it is in partial support of the data presented by TYLER & MARSDEN (1937) ..., that for very fine-grained sediments both the yield of heavy minerals and the relative frequencies of the different minerals are significantly different when obtained by centrifuge methods instead of the usual funnel techniqu."

Fehler bei der Dichtetrennung

Bei der Dichtetrennung tritt ein nicht zu unterschätzender Fehler f auf, der aus mehreren Einzelfehlern f_1 bis f_5 zusammengesetzt ist:

f_1 = Abhängigkeit von der Korngröße
f_2 = Abhängigkeit von der unterschiedlichen Dichte der einzelnen Mineralien
f_3 = Abhängigkeit von der Menge der in den Proben enthaltenen Schwermineralien
f_4 = Abhängigkeit von den verschiedenen Einwaagen
f_5 = Abhängigkeit von der Gefäßform, Temperatur der Flüssigkeit (Dichte!), einseitigen Erwärmung usw.

Den Einfluß von f_1, f_2 und f_3 untersuchten RUDOLPH & SEIM (1961) an Modellbeispielen, indem sie „von Schwermineralien gut gereinigten Sandes der Kornfraktion 0,1–0,2 und 0,063–0,1 mm 25 mg, 50 mg, 75 mg oder 100 mg Aragonit, Cölestin und Zirkon der gleichen Korngrößenfraktionen" zumischten und hinterher mittels Bromoform und Zentrifuge wieder abtrennten (Aragonit D = 2,94, Cölestin D = 3,95, Zirkon D = 4,70). Sie geben das in Tab. 2 Aufgeführte an.

Die Wirkung von f_4 ist in der Analytik allgemein bekannt: Der Fehler ist bei einer größeren Einwaage kleiner. Angaben über die Einwaagen sind in der Schwermineralliteratur sehr mangelhaft. Nur einige Autoren wie ANDRÉE (1936), BLANKENBURG (1963), HUTTON (1950), ILLERS, RUDOLPH & SEIM (1963), NEIHEISEL (1938), P. SCHNEIDERHÖHN (1957) geben die Einwaagen an. Diese schwanken bei den genannten von 8 bis 100 g.

Tabelle 2

Mineral	Fraktion	mittlerer Fehler in %
Aragonit	0,2–0,1	6,4
	0,1–0,063	26,7
Cölestin	0,2–0,1	1,65
	0,1–0,063	3,45
Zirkon	0,2–0,1	1,35
	0,1–0,063	3,57

Mit f_5 sind wieder mehrere Fehlerquellen zusammengefaßt.

1. Einfluß der Gefäßform: RUDOLPH & SEIM (1961) machen einige Ausführungen zur Gefäßform: „Eine Verbesserung der Zentrifugenglaseinsätze (Übergang zur Spitze müßte konisch zulaufen, damit ein Haftenbleiben von angeschleuderten Schwermineralkörnern an den Glaswänden unterbrochen wird) könnte die Trennschärfe weiter erhöhen." Wie unterschiedlich die Gefäßformen sind, ist oben bei „Zentrifugengefäße" z. T. zu entnehmen.

2. Einfluß der Temperatur: Bei nichtgleichbleibender Temperatur ist mit einer Veränderung des Dichtewertes der Trennflüssigkeit zu rechnen.

3. Einfluß einseitiger Erwärmung: Vor einseitiger Erwärmung warnt CORRENS (1943), weil dadurch Strömungen in der Flüssigkeit auftreten.

Der Vorschlag, die Zentrifugengläser nach der erfolgten Trennung in eine Kältemischung zu stellen und das gefrorene Bromoform durch kurze äußere Erwärmung herausrutschen zu lassen und in Fraktionen zu zerlegen (CORRENS 1933, P. SCHNEIDERHÖHN 1957), läßt Bedenken aufkommen (RUDOLPH & SEIM 1961).

Wo werden die Einzelfehler oder die gesamten Fehler der Dichtetrennung f wirksam? Dazu drei Beispiele:

Bei der Untersuchung mehrerer Sedimentproben eines Vorkommens, die von einem Analytiker durchgeführt werden, soll es zu einem Vergleich der Schwermineralien in den einzelnen Kornfraktionen kommen, dann werden f_1, f_2, f_3, f_4 und Teile von f_5 gegenstandslos, weil sie immer gleich groß sind.

Bei der Untersuchung zweier Sande verschiedener Herkunft, die von einem Analytiker durchgeführt werden, soll es zu einem Vergleich der Schwermineralien in den einzelnen Kornfraktionen kommen, dann sind f_2 und f_3 zu beachten.

Bei einem Vergleich der Schwermineraluntersuchungsergebnisse verschiedener Analytiker wird f, also f_1 bis f_5, wirksam, und es ist größte Vorsicht geboten.

Ausgehend von dem letzten (dritten) Beispiel sei noch zu den Einzelfehlern einiges gesagt:

f_1 — Einige Schwermineralanalytiker, wie KHARKWAL (1959), KUNZE (1958), untersuchten nur oder vorwiegend die Kornfraktionen 0,063 bis 0,1 mm. Andere wieder, wie BRAND (1955), DEECKE (1935), GROBA & LUDWIG (1956), HERRMANN (1957), ILLERS, RUDOLPH & SEIM (1963), LOESER (1938), SIDORENKO (1955), WEYRICH (1963), WUNDERLICH (1957), untersuchten vorwiegend die Fraktion 0,1–0,2 mm. Es ist klar, daß diese Werte nie direkt miteinander vergleichbar sind. RICHTER (1939), LUDWIG (1960), P. SCHNEIDERHÖHN (1957), BLANKENBURG (1963 und 1964) u. a. haben gezeigt, daß die Schwermineralgehalte in den einzelnen Fraktionen sehr unterschiedlich sind. Aus diesem Grunde fordern einige Autoren, wie KÖLBL (1948), RICHTER (1939), entschieden, daß alle Fraktionen untersucht werden sollten. Ganz abgesehen davon, daß dadurch f_1 unwesentlich wird, weil jeweils sämtliche Fraktionen verglichen werden können, kann die Erkundung der Verteilung einiger Mineralien in den verschiedenen Körnungen mitunter von großem wissenschaftlichem und wirtschaftlichem Interesse sein, wie die späteren Ausführungen zeigen werden.

f_2 — Mit Hilfe des Zahlenmaterials von RUDOLPH & SEIM (1961) ist es möglich, sich ein Bild über f_2 aus den Angaben anderer Autoren zu machen. Wenn die Schwermineralfraktion reich an Mineralien mit der Dichte 2,8—3,0 ist, wird f_2 groß sein; dagegen wird der Fehler klein, wenn wenige dieser Mineralien darin enthalten sind. Deshalb ist es nötig, quantitative Angaben über die Schwermineralassoziation zu erhalten.

f_3 — Der gewichtsprozentuale Gehalt der Schwermineralien in den untersuchten Proben wird von den Schwermineralanalytikern nicht immer angegeben, eine Orientierung über f_3 ist deshalb selten möglich.

f_4 und f_5 — Die bei den Untersuchungen benutzten Einwaagen, Gefäßformen und Arbeitstemperaturen sollten von allen Autoren genauer angegeben werden, wie das bei HUTTON (1950) der Fall ist.

Abschließend sei noch auf das Zahlenmaterial von BRAND (1955) hingewiesen. Er schreibt u. a. auf Seite 102: „Um den Schwankungsbereich innerhalb des Arbeitsganges festzustellen, wurden von einem Sand acht Trennungen der Fraktion 0,2—0,1 mit den in Tab. 3a dargestellten Ergebnissen durchgeführt.

Tabelle 3a

1. 0,69% SM
2. 0,90% SM
3. 0,80% SM
4. 1,05% SM
5. 0,95% SM
6. 0,80% SM
7. 0,70% SM
8. 1,19% SM

0,88% SM Durchschnittswert
± 0,19% SM Schwankungsbereich

Hiernach ist bei der SM-%-Bestimmung allein durch den Arbeitsgang mit 20—25% Fehlern zu rechnen.

Bei eigenen Untersuchungen dieser Art (jeweils 10 Trennungen und jeweils 20 g Einwaage) ergaben sich die in Tab. 3b angeführten Werte.

Tabelle 3b

< 0,1 mm	1,63 ± 0,06 Gew.-% Schwerm.	(Fehler: 3,7%)
0,1—0,2 mm	0,43 ± 0,02 Gew.-% Schwerm.	(Fehler: 4,1%)
0,2—0,3 mm	0,03 ± 0,004 Gew.-% Schwerm.	(Fehler: 12,7%)
0,3—0,4 mm	0,04 ± 0,005 Gew.-% Schwerm.	(Fehler: 11,1%)
0,4—0,5 mm	0,07 ± 0,005 Gew.-% Schwerm.	(Fehler: 7,5%)

Werden die Werte der Körnung 0,1—0,2 verglichen, dann fällt auf, daß BRAND 20—25% und wir 4,1% Fehler ermittelt haben. Aber ein Vergleich dieser Ergebnisse ist sehr schwer, da daraus nicht zu ersehen ist: 1. der Einfluß der Mineralzusammensetzung (f_2), 2. der Einfluß der Einwaage (f_4), 3. der Einfluß der Gefäßform (f_5).

Ein Vergleich der Fehler, die bei den verschiedenen Körnungen auftreten, ist noch schwieriger, da hierbei f_1 bis f_3 wirksam werden.

Um den Gesamtfehler der Dichtetrennung f bei der Auswertung der Angaben mehrerer Autoren möglichst klein zu halten, ist also zu empfehlen:

1. Untersuchung der gleichen (besser aller) Kornfraktionen bei schwermineralanalytischen Arbeiten verschiedener Autoren;
2. quantitative Angaben über die einzelnen Mineralkomponenten;
3. quantitative Angaben über den Gesamtgehalt an Schwermineralien und über die prozentuale Verteilung in den Kornfraktionen;
4. möglichst gleiche Einwaage, Gefäßform, Arbeitstemperatur.

Fehler bei der Bestimmung der einzelnen Mineralien

Alle Schwermineralanalytiker kennen die Besonderheiten und Schwierigkeiten bei der Bestimmung der Schwermineralien. Zum größten Teil wird diese Identifizierung unter dem Mikroskop vorgenommen. Dabei machen sich Körnigkeit, xenomorphe Ausbildung und vor allem die Verwitterung hemmend bemerkbar. Letztere läßt mitunter eine genaue mikroskopische Bestimmung unmöglich werden. Manche Autoren geben deshalb auch „unbestimmte" Mineralien an oder fassen unter „Erze" mehrere opake schwarze Körner zusammen. Andere wieder betonen, daß sie Granat von Spinell nicht getrennt haben und anderes mehr.

DIENER (1961), FIEDLER (1936), MEHNERT (1947), NELSON & NIGGLI (1950), ROST (1956), SCHUMANN (1951), WALGER (1959), ZESCHKE (1961) versuchen, durch ihre Hinweise und Verbesserungen eine genaue Bestimmung der Schwermineralien zu ermöglichen.

Seit einigen Jahrzehnten wird zur Bestätigung des mikroskopischen Befundes die Röntgenuntersuchung eingesetzt. Auch die emissionsspektrochemische Bestimmung einzelner Elemente in den Mineralien kann mit herangezogen werden.

In letzter Zeit machen die Ultrarotabsorptionsuntersuchungen von sich reden. MOENKE publizierte in zahlreichen Arbeiten (1962a, 1962b, 1963 u. a.) die UR-Diagramme von über 300 der wichtigsten Mineralien. Die Vorteile dieser Methode sind: geringe Probemenge, kurze Analysendauer, ein gut auswertbares Diagramm mit großem Informationsgehalt, vor allem bei Substanzen mit anisodesmischem und mesodesmischem Gitter (MOENKE 1964).

BLANKENBURG (1964) gelang bei Schwermineraluntersuchungen an Darß-Sanden durch Anwendung der UR-Analyse die eindeutige Bestimmung des darin vorkommenden Phosphorits. Auch bei der Identifizierung von schweren Mineralien, die in Bergkristallen eingeschlossen vorlagen, konnte von BERGMANN & BLANKENBURG (1964) diese Methodik sehr erfolgreich eingesetzt werden.

Diese sich heute dem Forscher bietenden Möglichkeiten zur eindeutigen Ermittlung der Zusammensetzung der Schwermineralfraktion sollten möglichst genutzt werden, um den Fehler bei der Bestimmung der Mineralien sehr klein zu halten. Über diesen Fehler liegen leider keine Ergebnisse vor, und doch wäre es möglich und interessant, Angaben darüber zu erhalten. Es bestehen dazu folgende Vorstellungen: Eine Schwermineralprobe wird in 10 gleiche Teile zerlegt und 10 Schwermineralanalytikern in verschiedenen Instituten zur Bestimmung der einzelnen

Mineralkomponenten vorgelegt. Ein Vergleich der Ergebnisse wird zeigen, welche Mineralien von den einzelnen gefunden worden sind und wie groß die Abweichungen sind.

Inwieweit eine vollständige Bestimmung aller Komponenten für die jeweiligen Aufgaben von Interesse ist, soll später gezeigt werden.

Beschreibung der Mineralien

Bei der Bestimmung sind mitunter Beschreibungen und Hinweise anderer Autoren von Interesse. Es sollen deshalb einige Arbeiten genannt sein, in denen eine mehr oder weniger gute und ausführliche Beschreibung der Schwerminerale zu finden ist; Bates (1963), Bernt (1929), Blankenburg (1963 und 1964), Claus (1936), Fiedler (1936 und 1937), Hallbauer (1961), Hartmann (1955), Hellmers (1952), Hoppe (1951 und 1959), Huckenholz (1959), Hutton (1950), Koen (1955), Ludwig (1955), Moorhouse (1956), Müller (1931), Piller (1951 und 1954), Poole (1958), Retgers (1895), Romanowa (1957), Rudolph & Seim (1961), Savage (1960), Scheidhauer (1939/40), P. Schneiderhöhn (1957), Shukri (1951), Sindowski (1962), Stumpel (1958), Thürach (1884), Vachruschev (1954), Valeton (1955), Watters, Todd & Sixtus (1961), Zeschke (1959).

Fehler bei den quantitativen Angaben über die Zusammensetzung der Schwermineralgesellschaft

Zwei Wege stehen dem Analytiker offen, um quantitative Angaben über die Zusammensetzung der Schwermineralassoziation zu gewinnen (Tröger 1939/40), erstens die Auszählung der Mineralien, also die Ermittlung der Kornprozente, und zweitens das Auslesen und anschließende Wägen der einzelnen Mineralien.

Der erstere Weg ist der häufiger beschrittene. Die Ansichten über die notwendige Zahl der auszuzählenden Körner gehen aber weit auseinander, wie Tab. 4 zeigen soll.

Tabelle 4

Ausgezählte Körner:	Autoren:
alle, z. T. weniger als 100 (bei einzelnen Proben)	Voelker (1937), P. Schneiderhöhn (1957), Ludwig (1955)
150–300	Molnár (1959)
200	Goncalves Pureza & Mendonza (1956), Brand (1955)
200–300	Claus (1936), Pilkey (1963)
200–400	Groba & Ludwig (1956)
200–500	Stöffler (1963), Görz (1962)
300	Rother (1958)
300–500	Andrée (1936)
400	Piller (1954), Illers, Rudolph & Seim (1963), Weyrich (1963)
400–500	P. Schneiderhöhn (1957)
500	Hallbauer (1957), Voelker (1937), Hartmann (1955), Sindowski (1938)
500–600	Huckenholz (1959)
500–900	Ludwig (1955)
600	Hallbauer (1961)
700	Blankenburg (1964)
800	Hoppe (1959)
1200	Rudolph & Seim (1961)
1770	Stöffler (1963)

Einige der Autoren geben auch Gründe für die von ihnen gewählte Zahl an. So z. B. schreibt: Voelcker (1937): „... da nach meinen Erfahrungen die übliche Art, nur 100 zu zählen, unzureichend ist"; Brand (1955): „Nach mathematischen Erörterungen von ... scheinen 200 bestimmte durchsichtige Körner für

Tabelle 5

Mineralkörner	200	400	600	800	1000
	%	%	%	%	%
Opak (ohne Magnetit)	7,0	4,7	4,4	3,6	3,7
Granat	56,5	58,0	58,8	60,0	59,0
Rutil	0,5	0,5	0,5	0,4	0,4
Staurolith	6,5	5,2	4,4	4,0	3,8

Tabelle 6

Mineral	Kornprozente (Mittelwerte von 10 Zählungen à 330 Körner)	Mittlerer Fehler bei 330 Körner (in %)	Mittlerer Fehler bei 3300 Körnern (in %)
Granat	44,96	5,1	1,6
Epidot	3,42	21,5	6,8
Hornblende, grün	1,38	36,8	11,6
Hornblende, basaltische	38,54	4,8	1,5
Hornblende, braun	2,18	27,5	8,7
Magnetit	2,49	27,0	8,5
Disthen	0,97	47,8	15,1
Phosphorit	0,21	101,4	32,1
Zirkon	1,81	35,0	11,1
Rutil	0,99	35,0	11,1
Turmalin	0,21	118,0	37,0
Staurolith	2,49	21,5	6,9

statistische Zwecke ausreichend"; Sindowski (1938): „Für praktische Zwecke dürfte jedoch die Auszählung von 500 Körnern genügen"; Leinz (1933): „Dabei beträgt der durchschnittliche Fehler bei der Auszählung von 400 statt 800 Körnern etwa 3% (der Eigenhäufigkeit) für häufigere Mineralien. Für seltenere kann der mittlere Fehler bis zu 20% ansteigen"; Andrée (1936) warnt vor einer „unangebrachten Genauigkeit".

Bei Auszählung einer Probe in Abständen von 200 Körnern kam Voelcker (1937) zu einem Ergebnis, das auszugsweise in Tab. 5 wiedergegeben werden soll.

Der Schluß Voelckers, „daß man mindestens 400 Körner auszählen muß", ist nach dem Ergebnis also durchaus akzeptabel. Wie groß der Fehler der Mineralien bei einer bestimmten Kornzahl ist, ermittelte Blankenburg (1964). Er zählte 10× etwa 330 Körner. Das Ergebnis ist in Tab. 6 zusammengestellt.

Aus Tab. 6 ist ersichtlich, daß die Fehler für die in der Schwermineralgesellschaft selten enthaltenen Mineralien bei 330 ausgezählten Körnern ganz erheblich sein können. Blankenburg kommt deshalb zu dem Schluß, für besondere, wichtige Aussagen „genügt mitunter eine Auszählung von 1000 Körnern nicht".

Dazu wurden nach mathematisch-statistischen Gesichtspunkten folgende Betrachtungen vorgenommen:

Aus der Menge der abgetrennten Schwermineralien werden N Körner ausgewählt, und darin mögen p% eines bestimmten Materials durch Auszählung gefunden werden. In welchen Grenzen liegt der wahre prozentuale Gehalt des Untersuchungsobjektes an diesem Mineral? Für $p \geqq 10\%$ kann man unter den angegebenen Voraussetzungen als Vertrauensbereich für den wahren Gehalt mit 95%iger Sicherheit $p \pm 2\sqrt{\frac{p(100-p)}{N}}$ angeben.

Die 95%ige Sicherheit garantiert, daß in 95 von 100 Fällen der wahre Wert in diesem Bereich liegen wird. (Ohne den Faktor 2, also $p \pm \sqrt{\frac{p(100-p)}{N}}$, erhält man den Vertrauensbereich für ca. 68%ige Sicherheit.) Der Berechnung dieses Vertrauensbereiches liegt zugrunde, daß man für große N und einen wahren Prozentsatz $p' \geqq 10\%$ die Binomialverteilung durch eine Normalverteilung approximieren kann mit p' als Mittelwert und $\sqrt{\frac{p'(100-p')}{N}}$ als Standardabweichung.

Das bedeutet, daß die Wahrscheinlichkeit für

$$p' - 1{,}96 \cdot \sqrt{\frac{p'(100-p')}{N}} \leqq p \leqq p' + \sqrt{\frac{p'(100-p')}{N}}$$

gleich 0,95 ist.

Eine Umrechnung unter Beachtung der Tatsache, daß N groß ist ($\geqq 100$), liefert die hier gemachte Aussage. Für $p' < 10\%$ liefert die Poisson-Verteilung Vertrauensintervalle. Die Berechnung geschah nach Duncan (1959), soweit das möglich war. Es ergeben sich unsymmetrische Vertrauensintervalle. Für sehr große N wurde auch für $p < 10\%$ im Sinne einer Näherung mit $\pm 2 \sqrt{\frac{p'(100-p')}{N}}$ gerechnet.

Die Ergebnisse sind in Tab. 7 angegeben für N = 100, 200 ..., 1000 Körner. In der Tabelle findet man entweder den Vertrauensbereich für p direkt angegeben oder im symmetrischen Fall die Zahl, die man zu p addieren bzw. von p zu subtrahieren hat, um die Grenzen des Vertrauensbereiches zu erhalten. Hierdurch ist es möglich, die notwendige Anzahl von Körnern je nach der erforderlichen Genauigkeit des Ergebnisses zu bestimmen. In der Abb. sind die Vertrauensbereiche für p = 1%, 5%, 10%, 20%, 40% in Abhängigkeit von N dargestellt. Dabei ist der Vertrauensbereich für N = 400 bis 500 hervorgehoben.

Für mittlere Ansprüche an die Genauigkeit ist das Auszählen von 400—500 Körnern zu empfehlen.

Will man kleine Gehalte relativ genau bestimmen, so muß man N sehr groß wählen. Aus der Tabelle geht hervor, daß ein Mineral, von dem man in 1000 Körnern nichts gefunden hat, trotzdem zu 0,36% im Untersuchungsmaterial vorhanden sein kann. Zählt man 1500 Körner aus, so können ca. 0,2% im Untersuchungsmaterial enthalten sein, auch wenn man unter den 1500 Körnern nichts findet. Daß die Zahlenangabe nicht übertrieben ist, wurde durch eigene Auszählungen bestätigt. In diesem Zusammenhang soll auch noch auf die zitierte Tabelle 6 von Voelcker (1957), und zwar auf Opak (ohne Magnetit), hingewiesen werden.

Aus den dargelegten Ergebnissen und Meinungen ist folgendes abzuleiten:

1. Mit der Zunahme der Kornzahl wird der Fehler des Auszählens geringer,
2. die Angabe der Kornzahl ist notwendig,
3. bei allen zur Untersuchung gelangenden Proben soll möglichst die gleiche Menge an Körnern ausgezählt werden.

Fehler bei der Auswertung der Schwermineralergebnisse

Zu Beginn seien einige Literaturhinweise gegeben: Clark & Hale (1962), Evans, Hayman & Majeed (1933), Ludwig (1953), Weyrich (1961 und 1963).

Zur Auswertung der Ergebnisse schwermineralanalytischer Arbeiten kann folgendes gesagt werden: Es ist nur möglich, darauf näher einzugehen, wenn die Aufgabengebiete, bei denen heutzutage die Schwermineraluntersuchungen eingesetzt werden, genau analysiert und charakterisiert sind. Die wesentlichen Aufgabengebiete seien hier zusammengestellt:

1. Untersuchung der Schwermineralien in Eruptiv- und metamorphen Gesteinen,
2. Herkunft der Schwermineralien in Sedimenten,
3. Verwitterungserscheinungen an Schwermineralien,
4. Unterscheidung zweier Sedimentschichten mittels der Schwermineralanalyse,

Tabelle 7. Angabe der 0,95-Vertrauensbereiche für p (in [%]) in Abhängigkeit von der Anzahl N der ausgezählten Körner

[%]p \ N	100	200	300	400	500	600	700	800	900	1000
0	0 – 3,6	0 – 1,8	0 – 1,2	0 – 0,9	0 – 0,7	0 – 0,6	0 – 0,5	0 – 0,45	0 – 0,4	0 – 0,36
1	0,1 – 5,6	0,12 – 3,6	0,2 – 2,9	0,3 – 2,5	0,3 – 2,4	0,4 – 2,2	0,4 – 2,1	0,4 – 2	0,5 – 1,9	0,5 – 1.8
1,5		0,3 – 4,4	0,45 – 3,7	0,6 – 3,3	0,6 – 3	0,7 – 2,8	0,7 – 2,7	0,8 – 2,6	0,8 – 2,5	0,8 – 2,5
2	0,25 – 7,3	0,5 – 5,1	0,7 – 4,3	0,9 – 4	1 – 3,7	1 – 3,5	1,1 – 3,4	1,2 – 3,3	1,2 – 3,2	± 0,9
2,5		0,8 – 5,9	1 – 5,1	1,2 – 4,6	1,3 – 4,3	1,4 – 4,1	1,5 – 4,1	± 1,1	± 1	± 1,0
3	0,61 – 8,8	1,1 – 6,5	1,4 – 5,7	1,5 – 5,2	1,7 – 5	± 1,4	± 1,3	± 1,2	± 1,1	± 1,1
3,5		1,4 – 7,3	1,7 – 6,3	1,9 – 5,9	2,1 – 5,6	± 1,5	± 1,4	± 1,3	± 1,2	± 1,2
4	1,1 – 10,2	1,7 – 8	2,1 – 7	2,3 – 6,5	± 1,8	± 1,6	± 1.5	± 1,4	± 1,3	± 1,2
4,5		2,0 – 8,5	2,5 – 7,6	2,7 – 7,1	± 1,9	± 1,7	± 1,6	± 1,5	± 1,4	± 1,3
5	1,6 – 11,8	2,4 – 9,3	2,8 – 8,3	± 2,2	± 2	± 1,8	± 1,6	± 1,5	± 1.5	± 1,4
6	2,2 – 13	3,1 – 10.5	3,6 – 9,5	± 2,4	± 2,1	± 2	± 1,8	± 1,7	± 1,6	± 1,5
7	2,8 – 14,5	3,8 – 11,8	± 2,9	± 2,6	± 2,3	± 2,1	± 1,9	± 1,8	± 1,7	± 1,6
8	3,4 – 15,9	4,6 – 13	± 3,1	± 2,7	± 2,4	± 2,2	± 2.0	± 1,9	± 1,8	± 1,7
9	4,1 – 17	5,4 – 14,5	± 3,3	± 2,9	± 2,6	± 2,3	± 2,2	± 2,0	± 1,9	± 1,8
10	4,8 – 18,5	± 4,2	± 3,5	± 3,0	± 2,7	± 2,4	± 2,3	± 2,1	± 2,0	± 1,9
15	8,4 – 24,8	± 5	± 4,1	± 3,6	± 3,2	± 2,9	± 2,7	± 2,5	± 2,2	± 2,3
20	± 8	± 5,6	± 4,6	± 4,0	± 3,6	± 3,3	± 3,0	± 2,8	± 2,7	± 2,5
25	± 8,7	± 6,1	± 5,0	± 4.4	± 3,9	± 3,5	± 3,3	± 3,1	± 2,9	± 2,7
30	± 9,2	± 6,5	± 5,3	± 4,6	± 4,1	± 3,7	± 3,5	± 3,2	± 3,1	± 2,9
35	± 9,5	± 6,7	± 5,5	± 4,8	± 4,3	± 3,9	± 3,6	± 3.4	± 3,2	± 3,0
40	± 9,8	± 6,9	± 5,6	± 4,9	± 4,4	± 4,0	± 3,7	± 3,5	± 3,3	± 3,1
45	± 9,9	± 7,0	± 5,7	± 5,0	± 4,4	± 4,1	± 3,7	± 3,5	± 3,3	± 3,1
50	± 10	± 7,1	± 5,8	± 5,0	± 4,5	± 4,1	± 3,8	± 3,5	± 3,3	± 3,2

Beispiel: Beim Auszählen von 300 Körnern findet man für Granat z. B. p = 41%. Nach der Tabelle liegt der wahre Gehalt zwischen 35,4 und 46,6%.

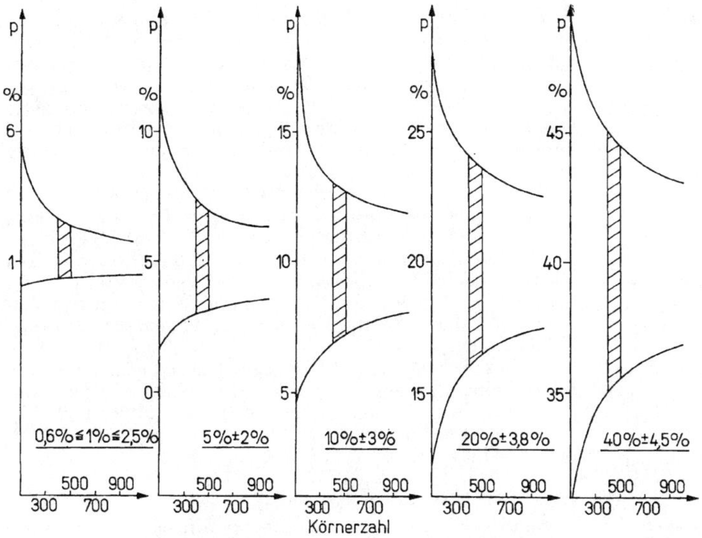

Abb. 1. Vertrauensbereiche für p = 1%, 5%, 10%, 20%, 40% in Abhängigkeit von der Zahl der ausgezählten Körner
Der schraffierte Bereich und die Zahlenangaben beziehen sich auf 400 bis 500 Körner.

5. Untersuchung der Schwermineralien in Strand-, Fluß- und Seesedimenten,
6. Schwermineralseifen und ihre Bildung,
7. Glassanduntersuchungen,
8. Charakteristik der mineralogischen Zusammensetzung und Schwermineraluntersuchungen aus verschiedenen anderen Gründen.

Alle diese Untersuchungen haben einige Arbeitsgänge gemeinsam, andere dagegen sind spezifisch für die jeweilige Aufgabenstellung. Oder mit anderen Worten, die im Analysenweg eingeschlossenen Fehlerquellen sind teilweise allen gemeinsam, teilweise aber treffen sie nur für die einzelnen Aufgaben zu. Für eine Fehlerbetrachtung ist es also notwendig, eine Charakteristik für die jeweilige Gruppe aufzustellen.

Im folgenden soll versucht werden, diese für die Schwermineraluntersuchungen in Glassanden zu erarbeiten und die dabei auftretenden Fehlermöglichkeiten aufzuzeigen.

Glassanduntersuchungen

Das Ziel dieser Untersuchungen ist die Kenntnis der Verteilung der wichtigsten Elemente in den Sanden für eine eventuelle Aufbereitung.

In der Glasindustrie werden besonders hohe Anforderungen an den Fe_2O_3-Gehalt des Glassandes gestellt. Berichten SCHMIDT & VOSS (1958) noch über maximal 0,010% Fe_2O_3 für optische Gläser, so werden heute von VOGEL (1961), SCHEIDHAUER (1961) und KIRCHHOF & JAGUSCH (1964) 0,003% verlangt. Letztere Forderungen werden, wenn überhaupt, nur durch Aufbereitung erfüllt.

Bevor eine Reinigungsmethode gewählt wird, muß eine genaue chemische und mineralogische Untersuchung des Sandes vorausgehen. Zu dieser Erkenntnis kamen u. a. JASKULSKI (1960) und DASHER & RALSTON (1941). Letztere schrieben: "The first problem of the producer of glass sands is to learn the petrography of the sand bank and to identify every mineral and stain that is present in quantities sufficient to endanger the purity or the acceptability of the product."

In allen Sanden wiederkehrend, treten vor allem folgende Verunreinigungen auf: 1. Schwermineralien, 2. Leichtmineralien, 3. Überzüge auf den Kornoberflächen, 4. Einschlüsse in den Quarzkörnern, 5. Ton- und Braunkohlenmaterialien.

POOLE (1949) fügt seiner Arbeit über die abreibende Mahlung eine graphische Darstellung über diese Verunreinigungen und deren Beseitigung an. Es wird hier sehr einprägsam gezeigt, daß die Schwermineralien z. B. nicht durch eine Säurewäsche entfernt werden können — ganz im Gegensatz zu den Fe_2O_3-Überzügen. Zum anderen aber lassen sich keine Fe_2O_3-Überzüge auf Quarzkörnern durch Schweretrennung entfernen, womit sich die Schwermineralien fast restlos beseitigen lassen.

Bedeutung der Schwermineralien

In einer neueren Arbeit konnte BLANKENBURG (1964) zeigen, daß in den untersuchten Proben des Weferlinger Sandes über 70% des Al_2O_3 und TiO_2 an Schwermineralien gebunden sind. Diese Mineralien sind weiterhin Träger von 46% Fe_2O_3, 52% MgO, 66% CaO und 33% Na_2O. Dagegen ließen sich durch eine abreibende HCl-Wäsche nur 16% Al_2O_3, 29% Fe_2O_3, 24% TiO_2, 42% MgO, 88% CaO und 55% Na_2O entfernen. Diese Untersuchungen zeigten also, daß die Schwermineralien im Weferlinger Sand durchaus beachtet werden müssen.

BLANKENBURG (1963) fand in Hohenbockaer Quarzsandproben 0,016 bis 0,248 Gew.-% und in Weferlinger Sandproben 0,004 bis 0,118 Gew.-% Schwermineralien. Diese Mengen sind im Vergleich zu Analysen anderer Sande (von der Ostsee bis zu 2,2%) gering, aber trotzdem müssen sie bei einer Aufbereitung entfernt werden. LIFSCHITZ (1937) verwendet zur Entfernung dieser schweren Mineralien den Stoßherd (oder Rüttel-, Vibrations-, Konzentrationstisch). Eine genaue Beschreibung dieser Methode wird von ihm selbst gegeben. Untersuchungen mit deutschen Glassanden an diesem Rütteltisch wurden von HEMMANN (1957) und LÖHN & KIRCHBERG (1954) durchgeführt. Neuere Ergebnisse liegen von KIRCHHOF (1962) vor. Daß diese Ergebnisse nicht immer den gleichen Reinigungseffekt aufwiesen, ist verständlich, denn die Untersuchungen wurden an Sandlieferungen des jeweiligen Abbaugebietes der Grube durchgeführt.

Eine andere Methode, die Schwermineralien aus dem Sand zu entfernen, wurde von SCHLAYN und Mitarbeitern (1950), RADEMAKER (1958) u. a. angewandt, und zwar handelt es sich dabei um die Flotation. Als Sammler kommen für Quarzsande u. a. in Frage: Fettsäuren, Petroleumprodukte, Alkylsulfate und Sulfanate. Durch Zugabe von unterschiedlichen Flotationsreagenzien können die verschiedenen Verunreinigungen entfernt werden. BARTA (1954) konnte bei seinen Sanden den Fe_2O_3-Gehalt von 0,229% auf 0,018% senken.

Die Magnetscheidung, die von DASHER & RALSTON (1941), JASKULSKI (1960), BARTA (1954) erwähnt wird, ist nur dann nützlich, so schreiben KITAJGORODSKY & LANDE (1936), "when the sand contains iron in the form of magnetite". Daneben ist eventuell interessant, daß STIELER (1951) Aufbereitungsversuche mit Hilfe von elektrischen Feldern unternahm. Er stellte dabei fest, daß Ilmenit, Feldspat u. a. vom Quarz abgetrennt werden können.

Eine weitere Aufbereitungsmethode ist die Kornklassierung — z. B. die Siebung (s. auch bei STEINKUHL 1963). Für Hohenbockaer- und Weferlinger Quarzsand empfahl diese Methode SCHEIDHAUER (1961). Spätere Untersuchungen von KIRCHHOF (1962) und BLANKENBURG (1963) bestätigen nur SCHEIDHAUERs Befund, daß die Glassande in den Fraktionen $< 0,1$ mm und $> 0,5$ mm sehr stark verunreinigt sind. Eigene Versuche mit einer anderen Kornklassierungsmethode — der Windsichtung — brachten bei Weferlinger Quarzsand gute Erfolge.

Näheres über Aufbereitungsmethoden ist in der Spezialliteratur (s. u. a. KIRCHBERG 1953) nachzulesen.

Diese etwas längeren Ausführungen über die Aufbereitungsmethoden zur Entfernung der Schwermineralien aus dem Glassand waren nötig, um die nachfolgenden Aufgaben des Schwermineralanalytikers auf diesem Sektor verständlich zu machen.

Angaben über den Gesamtschwermineralgehalt und über die Verteilung in den Kornfraktionen

Im Hinblick auf eine eventuelle Aufbereitung sind bei den Untersuchungen der Glassande auf ihren Schwermineralgehalt auf jeden Fall quantitative Angaben über den Gesamtgehalt und über die Verteilung der Mineralien auf die Kornfraktionen nötig. Erst nach Erhalt dieser Werte kann eine bestimmte Reinigungsmethode sinnvoll eingesetzt werden.

BLANKENBURG hat gezeigt, daß die Gesamtschwermineralgehalte sowohl im Weferlinger als auch Hohenbockaer Quarzsand größeren Schwankungen von Probe zu Probe unterliegen. Vergleiche, welche Mengen Schwermineralien sich noch mit sichtbarem Erfolg aus dem Sand im technischen Maßstab entfernen lassen, stehen noch aus. Sande mit 0,004% Schwermineralien lohnen eine Aufbereitung sicher nicht.

Untersuchungen über die Verteilung der schweren Mineralien auf die Kornfraktionen sind ebenfalls von Wichtigkeit. Im Gegensatz zu anderen Aufgabenstellungen in der Schwermineralanalytik ist bei Glassanden die Ermittlung quantitativer Angaben von allen Korngrößen nötig. Vom Hohenbockaer Sand liegen folgende Werte vor: In der Hauptfraktion 0,1—0,3 mm (98% des Sandes) kommen durchschnittlich 0,02% und in den Nebenfraktionen (2% des Sandes) $<$ 0,1 mm und $>$ 0,3 mm 0,06% Schwermineralien vor (BLANKENBURG 1963).

Solche Angaben können für eine eventuell anzuwendende Kornklassierung (Siebung), wenn damit eine Reinigung des Sandes beabsichtigt ist, ausschlaggebend sein.

Wie werden nun die Fehler der Dichtetrennung im Labormaßstab aus der Sicht dieser Aufgabenstellung wirksam?

Es ist verständlich, daß der Schwermineralanalytiker bei seinen Untersuchungen immer bestrebt ist, den oben aufgezeigten Fehler möglichst klein zu halten, um überhaupt zu aussagekräftigen Schlüssen zu gelangen, doch ist aus der praktischen Anwendung dieser Forschungsergebnisse leicht ersichtlich, daß der verbleibende Fehler darin untergeht.

Bestimmung der Mineralien

Da es in der Glasindustrie vor allem auf die Entfernung des Eisens aus den Sanden ankommt und da dieses Element in vielen Schwermineralien enthalten ist, ist die Bestimmung aller, auch der Erzmineralien, notwendig. Es wird damit nicht nur die Zusammensetzung der Schwermineralgesellschaft, sondern auch die Dichte der Einzelbestandteile bekannt. In diese Bestimmungsarbeit werden wieder alle Fraktionen einbezogen, und selbst seltene Mineralien müssen Beachtung finden.

LÖFFLER führte 1952 aus, wie es durch im Sand selten vorkommende Mineralien zu Betriebsstörungen kommen konnte. Auf der Suche nach der Ursache für die im Glas aufgetretenen grünschwarzen Steinchen fand er im Sand Chromit. Dies zeigt, daß die Schwermineraluntersuchungen an Glassanden einmal für die Aufbereitung, zum anderen für die Beseitigung von Betriebsstörungen von Wichtigkeit sind. Fehler bei der Bestimmung der Minerale oder völliges Unterlassen solcher Analysen können große wirtschaftliche Folgen haben, wie das Beispiel von LÖFFLER zeigt.

Quantitative Angaben über die Zusammensetzung der Schwermineralgesellschaft

Bei der Glassandforschung wird es sinnvoll sein, quantitative Angaben über die Zusammensetzung der Schwermineralgesellschaft zu erhalten. Bei der ständigen Überwachung der Aufbereitung reichen halbquantitative Werte aus. Quantitative Angaben über den Hohenbockaer und Weferlinger Quarzsand sind zur Zeit noch nicht bekannt. Durch die bisherigen Untersuchungen ist jedoch belegt, daß die Schwermineralgesellschaft in den einzelnen Siebfraktionen unterschiedlicher Zusammensetzung ist. So reichern sich die schwereren Minerale wie z. B. Rutil in der feinsten Fraktion im Verhältnis zu den anderen stark an. Hornblenden und Biotit dagegen treten häufiger in der Fraktion 0,1—0,2 mm auf, so daß sich theoretisch für jedes Mineral ein eigenes Maximum finden läßt. Solche Ergebnisse können für eine Klassierung und deren Erfolg sehr wichtig sein.

Wie macht sich nun hierbei der Auszählfehler bemerkbar? Die Kenntnis über diesen Fehler ist durchaus von Nutzen, doch darf er bei der Aufgabenstellung nicht überbetont werden. 400 bis 500 Körner reichen vollkommen aus. Bei einem Vergleich von Glassanduntersuchungen verschiedener Autoren ist jedoch darauf zu achten, unter welchen Bedingungen diese Ergebnisse zustande kamen bzw. welche Fehler sie beinhalten.

Im Zusammenhang mit Glas- bzw. Quarzsanden und ihren Schwermineralgehalten sei noch auf folgende Arbeiten hingewiesen: CHEN (1960), BARDOSSY (1958), LÖFFLER (1952), MISRA & SUKHBIR (1952), PINSAK (1956), PUTNOKY (1931), SCHÜTZ (1951), SINDOWSKI (1962).

Ist der Sand in der Grube gleichmäßig?

Ähnlich wie bei den Versuchen zur Gliederung von unterschiedlichen Sedimentschichten, wo eine Sicherstellung der Gleichmäßigkeit der Schwermineralführung in vertikaler und horizontaler Richtung verlangt wird, ist bei den Glassanduntersuchungen die Ermittlung der konstanten und variablen Verunreinigungen notwendig. Das kann nur dadurch erfolgen, daß eine große Anzahl von Proben genommen und untersucht werden. Ist der Sand gleichmäßig, dann dienen diese Proben zum eindeutigen Beweis. Ist der Sand aber stellenweise stärker mit Schwermineralien versetzt, dann wird die Zahl der Proben durch den Sand selbst bestimmt; denn dem Analytiker bleibt dann nur der eine Weg, durch viele Ergebnisse mit statistischer Sicherheit die konstanten, immer wiederkehrenden Verunreinigungen festzustellen und damit gleichzeitig aufzuzeigen, welche Verunreinigungen variieren. Das bezieht sich nicht nur auf den Gesamtgehalt an Schwermineralien, sondern auch auf die Korn- und Mineralverteilung.

Inwieweit sind die Schwermineralien Träger interessierender Elemente?

Diese Untersuchungen sind spezifisch für Glassande. Bei keiner anderen Aufgabenstellung in der Schwermineralanalytik der Sedimente und festen Gesteine interessieren so stark Angaben darüber, ob und inwieweit die Schwermineralien Träger der Elemente Fe, Al, Ti, Cr, Ca, Mg, Na, K usw. sind. Vom Weferlinger Sand wurden derartige Werte durch BLANKENBURG (1964) bekannt, von anderen Sanden stehen sie noch aus.

Abschließend sei für Glasuntersuchungen noch einmal zusammengestellt, welche Angaben über die Schwermineralien von Wichtigkeit sind: 1. der Gesamt-Schwermineralgehalt; 2. die gewichtsmäßige Verteilung in allen Siebfraktionen; 3. die auftretenden Mineralien (genaue Bestimmung aller Mineralien); 4. halbquantitative bis quantitative Angaben über die Zusammensetzung der Schwermineralgesellschaft; 5. die horizontale und vertikale Verteilung in der Grube; 6. die Elemente, die durch die Schwermineralien in den Sand eingetragen werden (quantitative Angaben).

Zusammenfassung

Bei der Schwermineralanalytik treten die unterschiedlichsten Fehlermöglichkeiten auf. Sind es Fehler beim Abtrennen der Mineralien, beim Bestimmen derselben, beim Auszählen oder bei der Auswertung der Ergebnisse? Alle diese Fehler können das Endresultat mehr oder weniger stark beeinflussen.

In dem Beitrag wurde versucht, möglichst alle Fehlerquellen aufzuzeigen und ihre Auswirkungen darzulegen. Besonderes Augenmerk wurde auf die Schwermineral untersuchungen in Glassanden gerichtet. Hier wurde am konkreten Beispiel nachgewiesen, welche Bedeutung auf diesem Gebiet die Schwermineralanalytik hat.

Резюме

При анализе тяжелых минералов имеют место самые разнообразные возможности ошибок. Является ли это ошибками при разделении минералов, при определении минералов, при подсчете зерен или при обработке результатов? Все эти ошибки могут более или менее сильно повлиять на конечный результат.

В статье сделана попытка изложить по возможности все источники ошибок и показать их влияние. Особенное внимание уделялось определениям тяжелых минералов в стекольных песках. Здесь было на конкретном примере доказано, какое значение имеет анализ тяжелых минералов в этой области.

Summary

Possible errors in heavy-mineral analysis are of a rather different nature, and may occur in the separation of minerals, during their determination, counting or the evaluation of results obtained. All of them may more or less influence the final result.

In the present article an attempt was made to show all possible sources of errors and to describe their effects, special attention being given to heavy-mineral analyses of vitreous sands. The importance to be assigned to this field of analysis was demonstrated by a concrete example.

Schwermineralliteratur seit 1950

In dieser Übersicht sind alle zitierten Arbeiten enthalten. Des weiteren wurde versucht, möglichst viele Veröffentlichungen nach 1950 zu erfassen. Für den Zeitraum bis 1950 gibt z. B. HOPPE (1951) eine umfangreiche Zusammenstellung.

ANDEL, TJ. H. VAN: Provenance transport and deposition of Rhine sediments; a heavy mineral study on river sands from the drainage area of the Rhine. – Groningen, Rijksuniv., Wageningen, H. Veenmann & Zonen, 1950.

– Zur Frage der Schwermineralverwitterung in Sedimenten. II. Fazielle Bedingungen und stratigraphische Bedeutung der Schwermineralverwitterung. – Erdöl u. Kohle, **5**, S. 100 (1952).

– Reflections on the interpretation of heavy mineral analysis. – J. Sed. Petrol., **29**, S. 153 (1959).

ANDRÉE, H.: Die Schwermineralien der älteren oberbayrischen Molasse. – N. Jb. Min., Abt. A., **71**, S. 59 (1936).

ANDRÉE, H., & G. CLAUS: Ein Zentrifugengefäß aus Messing zur Mineraltrennung nach dem spezifischen Gewicht. – Ztbl. Min. A., S. 150 (1935).

ANJANEYULU, B. J. N. S. R.: Geology of the coastal strip from Vizagapatam to Pudimadaka with special reference to black sand concentrates. – Geol. Min. u. Met. Soc. India, Q. J., **25**, S. 89 (1953).

AUBERT, M., & L. BERTHOIS: Remarques sur la détermination de la composition minéralogique d'un sable par comtage des grains. – Ann. de l'Ecole Nationale d'Agriculture de Rennes, 1950.

BAILEY, S. W., E. N. CAMERON, H. R. SPEDDEN & R. J. WEEGE: The alteration of ilmenite in beach sands. – Econ. Geol., **51**, S. 263 (1956).

BARDOSSY, S. L.: Sedimentologische Untersuchung der pannonischen Quarzsandvorkommen von Fehervarcsurgo, nördl. Zentralungarn. – Földtani Közlöny, **88**, S. 228 (1958).

BARTA, R.: Neue Wege der Rohstoffaufbereitung in der Silikatindustrie. – Silikattechnik, **5**, S. 467 (1954).

BATEL, W.: Einführung in die Korngrößenmeßtechnik. – Springer-Verlag, 1960.

BATES, J. D.: Heavy mineral reconnaissance Florida West Coast. – Econ. Geol., **58**, S. 1237 (1963).

BATES, J. D., & H. BATES: Evaluation of heavy mineral separations using artificial samples. – J. Sed. Petr., **30**, S. 148 (1960).

BAYROCK, L. A.: Heavy minerals in till of central Alberta. – J. Alberta Soc. Petr. Geol., **10**, S. 171 (1962).

BEASLEY, A. W.: Heavy mineral beach sands of southern Queensland. – Roy. Soc. Queensland, **61**, S. 59 (1950).

BERGMANN, W., & H.-J. BLANKENBURG: Über einige Einschlüsse in Bergkristallen. – Silikattechnik, **15**, S. 112 (1964).

BERNT, W.: Die Dünen der Halbinsel Eiderstedt (Schleswig). – Jb. preuß. geol. Landesanst., S. 659 (1929).

BLANKENBURG, H.-J.: Ein Vergleich der Glassande von Hohenbocka und Weferlingen. – Z. angew. Geol., **9**, S. 255 (1963).

– Schwermineraluntersuchungen an einigen Sandproben von der Halbinsel Darß–Zingst. – Silikattechnik, **15**, H. 12 (1964).

– Verteilung einiger Elemente im Weferlinger Quarzsand. – Vortrag 18. Treffen des Fachverbandes Mineralogie der Geol. Ges. DDR am 3. 5. 64 in Greifswald. – Veröff. in Silikattechnik vorges.

BLANKENSHIP, R. R.: Heavy mineral suites in unconsolidated Paleocene and younger sands, western Tennessee. – J. Sed. Petrol., **26**, S. 356 (1956).

BONSTEDT-KUPLETSKAJA, E. M.: Die Bestimmung des spezifischen Gewichts von Mineralien. – G. Fischer Verl., Jena 1954.

BORRESWARA, R. C.: Beach erosion and concentration of heavy mineral sands. – J. Sed. Petrol., **27**, S. 143 (1957).

BOURGUIGNON, P.: Les Sables des Hautes Fagnes. – Soc. Géol. Belgique, Ann., **77**, S. 201 (1954).

BOWERS, H. E., & D. R. SHAWE: Heavy minerals as guides to uranium-vanadium ore deposits in the Slick Rock district, Colorado. – Bull. U. S. Geol. Survey, 1107-B, S. 169 (1961).

BRAND, G.: Sedimentpetrographische Untersuchungen zum Erkennen der Sandwanderungsvorgänge am Strand, im Flachwasser und dem daran anschließenden Seegebiet. – Meyniana, Veröff. Geol. Inst. Univ. Kiel, **4**, S. 84 (1955).

BRODSKAJA, N. G.: Aralsee, Sedimentbildung in den Seen des ariden Bereiches der UdSSR. – Sammelwerk: Sedimentbildung in rezenten Wasserbecken. Herausg.: N. M. STRACHOW, Moskau, Akad. Wiss. UdSSR, S. 237 (1954).

BROOKS, J. H.: Mineral sand deposits – Tugun. – Queensland Govt. Min. J., **54**, S. 493 (1953).

BROPHY, J. A.: Heavy mineral ratios Sangamon weathering profiles in Illinois. – Illinois Geol. Survey Circ., **273**, S. 22 (1959).

BÜLOW, K. v.: Schwermineralseifen an der mecklenburgischen Ostseeküste. – Archiv Lagerstättenforsch., **81** (1951).

– Erz- und Edelsteinseifen an deutschen Küsten. – Geol. Rdsch., **4**, S. 69 (1952).

CHEN, P. Y.: Heavy mineral deposits of western Taiwan. – Taiwan, Geol. Surv., B., Nr. 4, S. 21 (1953).

– Heavy minerals in the white sandstone of the Upper Nanchuang formation, Mouping quarry, Hsinchuhsien, Taiwan. – Acta Geol. Taiwanica, Nr. 8, S. 37 (1960).

CLARK, G. S., & W. E. HALE: Heavy minerals in sands from the Old Fort area, Quebec. – Canadian Mineralogist, **7**, P. 2, S. 318 (1962).

CLAUS, G.: Schwermineralien aus kristallinen Gesteinen des Gebietes zwischen Passau und Cham. – N. Jb. Min. Abh., Beil. A., **71**, S. 1 (1936).

CLOSE, P.: Probleme der Probenahme für Siebproben. – Glass Ind., **43**, S. 655, 696 (1962), **44**, S. 32, 43, 46 (1963).

CORRENS, C. W.: Zur Methodik der Schwermineraluntersuchung. – Z. angew. Min., **4**, S. 1 (1942/1943).

– Die Sedimente des äquatorialen atlantischen Ozeans. – Bd. III der Wiss. Ergebn. d. deutsch. atlant. Expedition auf dem Forschungs- u. Vermessungsschiff „Meteor", 1925–1927 (1937).

– Über zwei neue einfache Verfahren für das Zentrifugieren mit schweren Lösungen. – Zentralbl. Min. A., S. 204 (1933).

CORROL, D.: A statistical study of heavy minerals in sands of the South River, Augusta Country, Virginia. – J. Sed. Petrol., **27**, S. 387 (1957).

CRAMPTON, C. B.: Heavy minerals in certain Old Red Sandstones and Silurian Limestone of Monmouth. – Nature, **183**, S. 485 (1959).

DANS, J., & E. LAX: Taschenbuch für Chemiker und Physiker. – Springer-Verl., Berlin, Göttingen, Heidelberg, S. 819 (1949).

DASHER, J., & O. C. RALSTON: Neue Methoden der Reinigung von Glassanden. – Bull. Amer. ceram. Soc., **20**, S. 187 (1941).

DAVIS, J. H., R. CREEL & R. LURATE: Study of heavy minerals of sands of tributories of South River, Rockbridge Country, Virginia. – Virginia Journ. Sci., **8**, S. 328 (1957).

DECHEND, W.: Sedimentpetrologische Untersuchungen zur Frage der Sandumlagerungen im Watt Nordfrieslands. – Deutsch. Hydrograph. Z., **3** (1950).

DEECKE, H.: Schwermineral-Untersuchungen zur Paläographie von Jura und Kreide in Norddeutschland. – Mitt. Geol. Staatsinst. Hamburg, H. 15, S. 109 (1935).

DIENER, I.: Schwermineralanalytische Untersuchungen der Schotter zweier Elbeterrassen in Sachsen und der Lausitz. – Dipl.-Arb., Geol. Pal. Inst., Humboldt-Univ. Berlin (1955).

DIENER, S.: Schwermineraluntersuchungen von Sanden im Bereich des Lieper Endmoränenbogens und bei Niederfinow. Die geologischen Verhältnisse in der Umgebung von Ladeburg, Rüdnitz u. Lobetal. – Dipl.-Arb., Geol. Inst., Humboldt-Univ. Berlin (1955).

– Schwermineraluntersuchungen von pleistozänen Sedimenten in Brandenburg. – Ber. geol. Ges. DDR, **4**, S. 235 (1959).

– Entwurf einer Anweisung für die Mineraluntersuchung in Körnerpräparaten (mit besonderer Berücksichtigung der Schwermineralanalyse). – Unveröff. Manuskr., ZGI, Berlin 1961.

DITTEN, U.: Versuch einer stratigraphischen Einordnung des Geschiebemergels der Tiefbohrung Bentwich. – Dipl.-Arb., Geol. Inst., Rostock (1958).

DRYDEN, L.: A statistical method for the comparison of heavy mineral suites. – Amer. Journ. Sci., **29**, S. 393 (1935).

– Accuracy in Percentage Representation of Heavy Mineral Frequencies. – Proc. Nat. Acad. Sci., **17**, S. 235 (1931).

DRYDEN, L., & C. DRYDEN: Comparative rates of weathering of some common heavy minerals. – J. Sed. Petr., **16**, S. 91 (1946).

DUNCAN, A. J.: Quality Control and Industrial Statistics. – Verl. Irwin (Homewood, Illinois), S. 436 (1959).

DÜRR, F.: Sedimentpetrographische Untersuchungen an einem Dünen-Podsolprofil. – Naturw. Ver. Schleswig-Holstein, **26**, S. 51 (1952).

– Schwermineralführung württembergischer Böden. – Unveröff. Diss., Geol. Inst. Univ. Kiel (1953).

– Vulkanische Schwerminerale in Bodenprofilen Württembergs. – N. Jb. Geol. Mh., H. 11, S. 465 (1953).

EDELMANN, C. H.: Ergebnisse der sedimentpetrologischen Forschung in den Niederlanden und den angrenzenden Gebieten 1932–37. – Geol. Rdsch., **29**, (1938).

EISSELE, K.: Sedimentpetrographische Untersuchungen am Buntsandstein, des Nordschwarzwaldes. – Jb. Geol. Landesanst. Baden-Württemberg, **2**, S. 69 (1957).

ENGELHARDT, W. v.: Über die Schwermineralsande der Ostseeküste zwischen Warnemünde und Darßer Ort und ihre Bildung durch die Brandung. – Z. angew. Mineral., **1**, S. 30 (1937).

– Die Unterscheidung wasser- und windsortierter Sande auf Grund der Korngrößenverteilung ihrer leichten und schweren Gemengteile. – Chemie der Erde, **12**, S. 445 (1939/40).

EVANS, P., R. J. HAYMAN & M. A. MAJEED: The graphical representation of heavy mineral analysis. – Proc. World Petroleum Congr., **1**, S. 251 (1933).

EWING, C. J. C.: A comparison of the methods of heavy mineral spearation. – Geol. Mag., **68**, S. 136 (1931).
FAIRBAIRN, H. W.: Concentration of heavy accessories from large rock samples. – Amer. Min., **40**, S. 458 (1955).
FEO-CODECIDO, G.: Heavy mineral techniques and their application to Venezuelan stratigraphy. – Bull. Amer. Ass. Petr. Geol., **40**, S. 984 (1956).
FIEDLER, A.: Sedimentpetrographische Gliederung der Geschiebemergel Mecklenburgs. – Jb. preuß. geol. Landesanst., **57**, S. 111 (1936).
– Ergebnisse der Schwermineralanalyse von Geschiebemergeln im mittleren und westlichen Norddeutschland. – Z. angew. Mineral., **1**, S. 313 (1937).
– Ergebnis der Schwermineralanalyse von Geschiebemergeln aus Holland, Dänemark, Oberschlesien und Norddeutschland. – Z. angew. Mineral., **2** (1940).
FOXWORTH, R. D., R. R. PRIDDY & W. B. JOHNSON: Heavy minerals of sand from recent beaches of the Gulf Coast of Mississippi and associated Islands. – Mississippi State geol. Surv. Bull., **93** (1962).
FRECHEN, J., & G. VAN DEN BOOM: Die sedimentpetrographische Horizontierung der pleistozänen Terrassenschotter im Mittelrheingebiet. – Symposium: Pliozän u. Pleistozän am Mittel- u. Niederrhein. Fortschr. Geol. Rheinl. u. Westf., Krefeld, **4**, S. 85 (1959).
FRECHEN, J., & E. A. ROSAUER: Aufbau und Gliederung des Würm-Löß-Profils von Kärlich im Neuwieder Becken. – Symposium Pliozän u. Pleistozän am Mittel- u. Niederrhein. Fortschr. Geol. Rheinl. u. Westf., Krefeld, **4**, S. 267 (1959).
FRIEDMAN, G. M.: Distinction between dune, beach and river sands from their textural characteristics. – J. Sed. Petrol., **31**, S. 514 (1961).
GAZZI, P.: Untersuchungen über die Verteilung der Schwermineralien in Sandsedimenten des tosco-romagnolischen Apennins. – Rend. Soc. Min. Ital., **18**, S. 304 (1962).
GANDOLFI, G., & P. GAZZI: Bedeutung der Verteilung der Schwermineralien in Sandsteinen vom Porrettapaß und von Castiglione dei Pepoli. – Rend. Soc. Min. Ital., **18**, S. 303 (1962).
GILLSON, J. L.: Deposits of heavy minerals on the Brazilian Coast. – Am. Inst. Min. and Met. Eng., **187**, S. 685 (1951).
GONCALVES PUREZA, F., & A. MENDONCA: Beitrag zur Erforschung der Strandsande in Nordportugal. – Mem. e. Not. Univ. Coimbra, **42**, S. 1 (1956).
– Granulometrie und Schwermineralien der Strandsande zwischen Oporto und Figuaira da Foz. – Mem. e. Not. Univ. Coimbra, **41**, S. 9 (1956).
GÖRZ, H.: Zur Petrographie des Unterdevons im Westharz. – Beitr. Min. Petr., **8**, S. 232 (1962).
– Schwermineraluntersuchungen an den Porphyroiden des Schwarzburger Sattels. – Beitr. Min. Petr., **9**, S. 313 (1963).
GROBA, E., & G. LUDWIG: Sedimentologische Untersuchungen zum Erkennen von Entmischungen der Sedimente an der Außenküste von SE-Rügen und im Greifswalder Bodden. – Geologie, **5**, S. 617 (1956).
GROOT, J. J.: Sedimentary petrology of the Cretaceous sediments of northern Delaware in relation to paleogeographic problems. – Delaware Geol. Survey Bull., Nr. 5 (1955).
GRUNER, H.: Seifenminerale aus der Sächsischen Schweiz. – Der Aufschluß, **9**, S. 252 (1958).
GUILLON, R., & J. J. GLASS: A reconnaissance study of the Beach Sands of Puerto Rico. – Geol. Surv. Bull. 1042, S. 273 (1957).
GÜVEN, N.: Untersuchungen an den Sedimenten der Tongrube von Willershausen. – Beitr. Min. Petr., **9**, S. 40 (1963).
HAASE, E.: Die Anwendung der Schwermineralanalyse zur Altersbestimmung von Diluvialablagerungen. – Hallisch. Jb. Mitteldeutsch. Erdgeschichte, **1**, S. 24 (1949).
– Zur Kenntnis der Tertiärsande in der Gegend von Halle/Saale. – Wiss. Z. M.-Luther-Univ., Halle-Wittenberg, Math.-Natw., **5**, S. 1159 (1956).
HALLBAUER, D.: Die akzessorischen Schwerminerale der westerzgebirgischen Granite. – Dipl.-Arb., Min. Inst., Freiberg (1957).
– Die akzessorischen Schwerminerale der westerzgebirgischen Granite. – N. Jb. Min. Abh., **97**, S. 35 (1961).
HARTMANN, J. A.: Origin of Heavy Minerals in Jamaican Bauxite. – Economic Geology, **50**, S. 738 (1955).
HELING, D.: Zur Petrographie des Stubensandsteins. – Beitr. Min. Petr., **9**, S. 251 (1963).
HELLMERS, J. H.: Die Schwermineralien der Sande der deutschen Ostseeküste. – Geologie, **1**, S. 166 (1952).
HEMMANN, D.: Über Aufbereitung von Quarzsanden. – Dipl.-Arb., Bergakad. Freiberg (1957).
HERRMANN, H.: Sedimentpetrographische und Schwermineraluntersuchungen an den jungpleistozänen Ablagerungen des Darß. – Dipl.-Arb., Min. Inst., Freiberg (1957).
HOPPE, G.: Die akzessorischen Schwermineralien in Eruptivgesteinen am Beispiel des Ramberggranites und anderer Harzer Gesteine. – Geologica (1951), H. 9, Akad.-Verl. (Schriftenreihe d. Geol. Inst. Univ. Berlin, Greifswald, Halle, Rostock).
– Das Erscheinungsbild der akzessorischen Zirkone des Lausitzer Granodiorits von Wiesa bei Kamenz und seine petrogenetische Auswertung. – Geologie, **6**, S. 289 (1957).
– Die Schwerminerale der tertiären Sande des Geiseltales. – Geologie, **8**, S. 612 (1959).
– Die Verwendbarkeit morphologischer Erscheinungen an akzessorischen Zirkonen für petrogenetische Auswertungen. – Habil.-Schrift, Halle (Saale) 1960, Akad.-Verl., Berlin 1963.
– Petrogenetisch auswertbare morphologische Erscheinungen an akzessorischen Zirkonen. – N. Jb. Min. Abh., **98**, S. 35 (1962).
– Die akzessorischen Zirkone aus granitischen Gesteinen der Lausitz. – Freiberger Forsch.-H., C 129 (1962).
HOPPE, H.: Die Schwermineralien der hallischen Quarzporphyrkaoline. – Wiss. Z. Univ. Halle, Math.-Natw., **2**, S. 253 (1952/53).
HUCKENHOLZ, H. G.: Sedimentpetrographische Untersuchungen an Gesteinen der Tanner Grauwacke. – Beitr. Min. Petr., **6**, S. 261 (1959).
HUNDT, U.: Schwermineralanalytische Untersuchungen an tertiären Sanden aus dem Zeitz–Weißenfelser Braunkohlenrevier. – Dipl.-Arb., Univ. Halle (1958).
HUTTON, C. O.: Some features of heavy mineral separations. – Royal Soc. N. Z., Tr. **73**, S. 76 (1943).
– Studies of heavy detrital minerals. – Geol. Soc. Amer. Bull., **61**, S. 635 (1950).
IIJIMA, A.: Preliminary note on the heavy mineral association of the Ishikari series (Eocene–Oligocene) in the Ishikari, Kabato and Rumoi coal fields in Hokkaido, Japan. – J. Geol. Soc. Japan, **63**, S. 67 (1957).
ILLERS, K., H. RUDOLPH & R. SEIM: Korngrößen und Schwermineralanalyse der Geschiebemergel der Stoltera bei Warnemünde. – Geologie, **12**, S. 889 (1963).
JASKULSKI, K.: Veredlung von Glassanden. – Szklo i ceram., **11**, Nr. 5, S. 8 (1960).
KHARKWAL, A. D.: Über den Mineralbestand des Göttinger Lias. – Beitr. Min. Petr., **7**, S. 45 (1959).
KIRCHBERG, H.: Aufbereitung bergbaulicher Rohstoffe. – Wilh. Gronau Verl., Jena 1953.
KIRCHHOF, S.: Sandaufbereitung. – F.-u.-E.-Bericht, VEB Schott & Gen., Jena 1962.
KIRCHHOF, S., & K. H. JAGUSCH: Zur Fehlerermittlung bei der photometrischen Eisenbestimmung in Glassanden. – Z. anal. Chem., **199**, S. 197 (1964).
KITAJGORODSKY, I. I., & L. S. LANDE: Reducing the Iron Content of Sand. – Glass, **13**, S. 8 (1936).
KLEINSORGE, H.: Über die roten Gesteine Schleswig-Holsteins. – STILLE-Festschrift, S. 85, Stuttgart 1936.
– Beitrag zu den Methoden der Deutung schwermineralanalytischer Befunde. III. Granatstrandsäume von der Ostsee bei Niendorf. – N. Jb. Min., Beil., **74**, Abt. A, S. 20 (1938).
KOEN, G. M.: Heavy minerals as an aid to the correlation of sediment of the Karroo System in the northern part of the Union of South Africa. – Trans. Geol. Soc. South Africa, **58**, S. 281 (1955).
KOGAN, W. D.: Über nebensächliche und akzessorische Minerale im Gips von Gaurdak. – Zapiski vses. mineral. obsch., S. 52 (1960).
KÖLBL, L.: Untersuchungen über die Verteilung von Schwermineralien im niederbayrischen Tertiär. – N. Jb. Min., Geol. Pal., **79**, H. 1, S. 39 (1948).
KUNZE, R.: Schwermineraluntersuchungen an den Involutus-Schichten des Emscher in der Halberstätter Mulde. – Dipl.-Arb., Geol. Inst., Freiberg 1958.
LADURNER, J.: Korngrößen- und Mineralführung zweier Sande aus der Gnadenwalder Terrasse. – Mitt. Geol. Ges. Wien, **48**, S. 129 (1956).
LANDERGREN, S.: Ein Doppelzentrifugenglas für quantitative Mineraltrennungen. – Geol. Fören i. Stockholm Förhandl., **73**, S. 315 (1951).
LANGE, J.: Die Probenahme. – Silikattechn., **14**, S. 242 (1963).
LAPINSKY, W. J., S. R. REVELL & S. S. WINTERS: Sedimentary analysis of terrace deposits in panhandle Florida. – J. Sed. Petr., **28**, S. 75 (1958).
LEHMANN, M.: Die Schwermineralien in den Kaolinen der Hallischen Porphyre. – Dipl.-Arb., Min. Inst., Halle (1952).
LEINZ, V.: Ein Versuch, Geschiebemergel nach dem Schwermineraliengehalt stratigraphisch zu gliedern. – Z. Geschiebeforsch., **9**, S. 156 (1933).
– Die quantitativen Schwermineralanalysen als Methode der stratigraphischen Gliederung von Geschiebemergeln. – Z. dtsch. Geol. Ges., **85** (1933).
LIFSCHITZ, M. A.: Ein neues Verfahren, Sand zu enteisen. – Keramika i Steklo, **13**, S. 10 (1937).
LIGHT, M. A.: Diagnostic Heavy Minerals in the Regolith of Massachusetts. – J. Sed. Petr., **25**, S. 216 (1955).
LOESER, L.: Sedimentpetrographische Untersuchungen zur Entwicklung des subherzynen Beckens. – N. Jb. Min., **79** (1938).
LÖFFLER, J.: Identifizierung von Chromeisensteinkörnern im Sand. – Glast. Ber., **25**, S. 129 (1952).
LÖHN, H., & H. KIRCHBERG: Untersuchungsbericht über Aufbereitungsversuche mit Weferlinger Quarzsand. – Unveröff., Inst. f. Aufbereitung, Bergakad. Freiberg (1954).
LUDWIG, G.: Neue Ergebnisse der Schwermineral- und Kornanalyse im Oberkarbon und Rotliegenden des südlichen und östlichen Harzvorlandes. – Diss., Geol. Inst. Halle (1952), Beiheft z. Geologie, Nr. 14 (1955).
– Untersuchungs- und Darstellungsmethoden von Schwermineralanalysen. – Geologie, **2**, S. 208 (1953).
– Zur Gliederung des Jungpaläozoikums am Nordrand der saxothuringischen Zone des variszischen Gebirges. – Geologie, **4**, S. 498 (1955).
– Die Fehlerrechnung der Korngrößen- und Schwermineralanalysen litoraler Sedimente als Methode der Vorratsberechnung seltener Minerale. – Manuskript, Archiv Geofond., Berlin 1957.
– Primäre und sekundäre Einflüsse auf den Mineralbestand rezenter Ostseesande und von Gesteinen der Wealdenfazies Norddeutschlands. – Z. deutsch. geol. Ges., **112**, S. 358 (1960).
– Vorkommen und Genese uranhaltiger Horizonte im Mittleren Buntsandstein des Werra–Leine-Gebietes. – Geol. Jb., **78**, S. 661 (1961).
LUDWIG, G., & H. LUDWIG: Ein Vergleich zwischen Geröll- und Schwermineralanalysen des Porphyrkonglomerates im obersten Rotliegenden des östlichen Harzvorlandes. – Geologie, **2**, S. 431 (1953).
LUDWIG, G., & K. VOLLBRECHT: Die allgemeinen Bildungsbedingungen litoraler Schwermineralkonzentrate und ihre Bedeutung für die Auffindung sedimentärer Lagerstätten. – Geologie, **6**, S. 233 (1957).
LUKIN, A. Y.: Razdelenie mineralov tsentrifugirovaniem. – Miner. Sbornik (Lvov. Geol. Obsch.), S. 322 (1950).
MAHADEVAN, C., & A. SRIRAMA DAS: A heavy mineral correlation of the sedimentaries of parts of Visakhapatnam and east Godavari districts. – Geol. Min. u. Met. Soc. India, Q. J., **24**, S. 115 (1952).
MAIERN, O., & C. SUPERCEANU: Die neuen Ilmenit-Zirkon-Seifenlagerstätten als Rohstoffe für die Titanerzeugung. – Rev. de Chimie, Nr. 3, S. 145 (1956).
MEHNERT, K. R.: Eine Methode zur Bestimmung des quantitativen Mineralbestandes von Gemischen durch Auszählen an Körnerpräparaten. – Fortschr. Min., **26**, S. 89 (1947).
MELIK-DÄMJAN, L..C.: Charakteristik der mineralogischen Zusammensetzung diluvialer Lößgesteine der nordöstl. Priasowja. – Zapiski vses. mineral. obsch., S. 117 (1960).
MICHAEL, J.: Schwermineraluntersuchungen im Mittleren Buntsandstein südlich von Jena. – Dipl.-Arb., Geol. Pal. Inst. Univ. Berlin (1956).
MIROKY, A.: Mechanical analysis and heavy minerals, Morrison and Cloverly formations, southern Big Horn Mountains Wyoming. – J. Sed. Petrol., **31**, S. 571 (1961).
MISIK, M.: Anwendung der Schwerminerale in der paläogeographischen und stratigraphischen Forschung in bezug auf das Neogen und Quartär der Slowakei. – Geologické práce, **43**, Bratislawa 1956.

MISRA, R. C., & SINGH SUKHBIR: A petrological study of some glass-making sands of Allahabad and Banda districts, U. P. – J. Sci. and Ind. Res. Delhi, 11 B, Nr. 4, S. 136 (1952).
MOENKE, H.: Mineralspektren. – Akad.-Verlag, Berlin 1962 [1962a].
– Spektralanalyse von Mineralien und Gesteinen. – Akad. Verlagsges. Geest & Portig, Leipzig 1962 [1962b].
– Entwicklung, Stand und Möglichkeiten der Ultrarotspektroskopie von Mineralien. – Fortschr. Min., 40, S. 76 (1963).
MOLNÁR, B.: Fehlermöglichkeiten der statistischen Schwermineralanalyse. – Földtani Közlöny, 89, S. 294 (1959).
MOORHOUSE, W. W.: The paragenesis of accessory minerals. – Econ. Geol., 51, S. 248 (1956).
MOSEBACH, R.: Auswertung und Darstellung von Kornanalysen und Anwendung ihrer Ergebnisse auf petrologische Fragen. – Geologie, 3, S. 413 (1954).
MÜLLER, H.: Neues Zentrifugenglas zum quantitativen Trennen von körnigen und pulvrigen Gemengen verschiedenen spezifischen Gewichtes mit Hilfe von schweren Lösungen. – Mitt. Min.-Geol. Staatsinst. Hamburg, H. 11 (1929).
– Über die quantitative mineralische Zusammensetzung tertiärer Sande im Untergrund von Hamburg und Umgebung. – Ztbl. Min. A., S. 278 (1931).
– Über ein abgeändertes Zentrifugenglas zum Trennen nach dem spez. Gewicht. – Zbl. Min. A., S. 90 (1932).
– Die Schwermineralien und ihre Bedeutung. – Achat, 1, Hamburg 1948.
MÜLLER, W.: Sedimentologische Untersuchungen an Sanden und Schottern von Ottendorf/Okrill. – Dipl.-Arb., Geol. Inst., Freiberg 1958.
NADESCHDINA, E. D.: Akzessorische Mineralien am unteren Lauf strömender Flüsse der steinigen Tunguska. – Akad. Nauk. SSSR, Geol. Petr. u. a., S. 3 (1961).
NAKHLA, F. M.: Mineralogy of the Egyptian black sands and its applications. – Egypt. Journ. Geol., 2, Nr. 1, S. 1 (1958).
NEIHEISEL, J.: Heavy mineral investigation of recent and Pleistocene sands of lower Coastal Plain of Georgia. – Geol. Soc. Amer. Bull., 73, S. 365 (1962).
NELSON, H. W., & T. VAN DER HAMMEN: Een kwartair-geologisch onderzoek van het SW-deel van Noord-Brabant. – Geol. u. Mijnbouw, 12, S. 241 bis 272 (1950).
NELSON, H. W., & P. NIGGLI: Röntgenologische onderzoek van de ondoorzichtige zware fractie van enkele Nederlandse zanden. K. Nederl. Akad. Wetens, 53, S. 1240 (1950).
NICKEL, E. H.: A new centrifuge tube for mineral separation. – Amer. Min., 40, S. 697 (1955).
ORTMANN, R.: Untersuchungen an den Schwermineralien des Ruhlaer Granits. – Dipl.-Arb., Halle 1955.
OTTO, W.: Sedimentpetrographische Untersuchungen an der Küste der inneren Lübecker Bucht. – Die Küste, 1 (1953).
PESTHY, L.: Ein Verfahren zur Erhöhung der Genauigkeit der Mineralseparation nach dem spezifischen Gewicht. – Földtany Közlöny, 89, Budapest 1959.
PILKEY, O. H.: Heavy minerals of the U.S. South Atlantic continental shelf and slope. – Geol. Soc. Amer. Bull., 74, S. 641 (1963).
PILLER, H.: Über den Schwermineralgehalt von anstehendem und verwittertem Brockengranit nördlich St. Andreasberg. – Heidelberger Beitr. Min. Petr., 2, S. 523 (1951).
– Über den Verwitterungszustand des Granitgruses vom Fliegenberg westl. Thiersheim (Fichtelgeb.) mit besonderer Berücksichtigung der Schwerminerale. – Heidelberger Beitr. Min. Petr., 4, S. 151 (1954).
PINCUS, H. J., M. L. ROSENBOOM & C. C. HUMPHRIS: Investigation of Lake Erie Sediments. – Report of Investigations, Nr. 9, Columbus 1951.
PINSAK, A. P.: High-silica sand potentialities of the Ohio River formation. – Indiana Dep. Conserv., Geol. Surv. Bull. Nr. 9, S. 1 (1956).
POMEROL, CH.: Existence de deux provinces pétrographiques dans le bassin de Paris, à l'Albien et en Cénomane. – C. R. Soc. Géol. France, S. 286 (1961).
POOLE, D. M.: Heavy mineral variation in San Antonio and Mesquite Bays of the central Texas coast. – J. Sed. Petr., 28, S. 65 (1958).
POOLE, J. P.: Verfahren für die Aufbereitung von Glasschmelzsand. – J. Amer. Ceram. Soc., 32, Nr. 7, S. 237 (1949).
PUTNOKY, L. v.: Technisch-wissenschaftliche Tätigkeit des anorganisch-chemischen Institutes der Technischen Hochschule zu Budapest. – Chem. Rdsch. f. Mitteleuropa, 8, S. 59 (1931).
RADEMAKER, S. C.: Methods of Purifying Sand. – C. R. Sympos. Fusion Verre, Bruxelles, 6./10. Okt. Eindhoven, N. V. Philips' Gloeilampenfabrieken, S. 239 (1958).
RAUPACH, F. v.: Die rezente Sedimentation im Schwarzen Meer, im Kaspi und im Aral und ihre Gesetzmäßigkeiten. – Geologie, 1, S. 78 (1952).
REID, R. R.: Geology and heavy mineral content of placer deposits in the Elk City Region, Idaho. – Econ. Geol., 55, S. 1325 (1960).
RETGERS, J. W.: Über die mineralogische und chemische Zusammensetzung der Dünensande Hollands und über die Wichtigkeit von Fluß- und Meeressanduntersuchungen im allgemeinen. – N. Jb. Min., 1, S. 16 (1895).
RICHTER, W.: Zur Methodik der Schwermineralanalyse von sandigen Sedimenten. – Zbl. Min. A., S. 70 (1939).
– Sedimentpetrographische Untersuchungen der Ablagerungen in der ehemaligen Neckarschleife am Ohrsberg bei Eberbach im Odenwald. – Sitz.-Ber., Heidelberg Akad. Wiss., Math.-Nat. Kl. (1939).
RITTMANN, A., & E. E. EL HINNAWY: A note on the quantitative mineralogical analysis of black sands. – Egypt. Journ. Geol., 2, Nr. 1, S. 67 (1958).
RITTMANN, A., & F. M. NAKHLA: Contributions to the study of the Egyptian black sands. – Egypt. J. Chem., 1, Nr. 1, S. 127 (1958).
ROBERTSON, D. S., & N. C. STEENLAND: On the blind river uranium ores and their origin. – Econ. Geol., 55, S. 659 (1960).
ROMANOWA, M. A.: Paragenese klastischer Minerale rotgefärbter Ablagerungen der Halbinsel Scheleken. – Zap. vsesojuzin. miner. obsch., S. 85 (1957).
ROST, R.: Mikroskopiche těžké minerály Jizerské louky. – Časopis pro mineralogii a geologii, 1, S. 252 (1956).
– Těžké mineraly. – Publ. Czech. Akad. Sci., Praha 1956.
ROTHER, R.: Geologische Auswertung von bergmännisch aufgeschlossenen Schichten des Neokom und Schwermineralanalyse in den neokomen Eisenerzen des kleinen Fallstein. – Dipl.-Arb., Geol. Inst. Humboldt-Univ., Berlin 1958.
RUDOLPH, H., & R. SEIM: Untersuchungen zur Korngrößenzusammensetzung und Schwermineralführung der Geschiebemergel von Jasmund, Rügen. – Wiss. Z. Univ. Rostock, 10, S. 85 (1961).
SARIDSE, G. M., & N. F. TATRISCHWILI: Über die zweitrangigen Mineralien der Granitoide. – Schr. Allunions min. Ges., 81, S. 305 (1952).
SATO, Y.: Heavy Minerals of the Jurassic Yamaoku Formation, Okayama, Japan. – Journ. Geol. Soc. Japan, 60, S. 333 (1954).
– Heavy minerals of the Tertiary Akahira Formation in the Chichibu Basin, Japan. – J. Geol. Soc. Japan, 61, S. 583 (1955).
SAVAGE, C. N.: Nature and origin of Central-Idaho Blacksands. – Econ. Geol., 55, S. 789 (1960).
SCHEFFER, F., B. MEYER & E. KALK: Mineraluntersuchungen am Würm-Löß südniedersächsischer Lößfluren als Voraussetzung für die Mineralanalyse verschiedener Lößbodentypen. – Chem. Erde, 19, S. 338 (1958).
SCHEIDHAUER, G.: Anforderungen der Jenaer Spezialglas-Industrie an die Qualität der natürlichen einheimischen Glasrohstoffe. – Informationsdienst Glastechnik, 4, S. 87 (1961).
SCHEIDHAUER, W.: Gravitative Auslesevorgänge bei der Sedimentation von Sanden. Korngrößen- und Schwermineraluntersuchungen im Turon des Elbsandsteingebirges. – Chemie der Erde, 12, S. 466 (1939/40).
SCHINDLER, R.: Untersuchungen an Zirkon und Schwermineralien einzelner Kaolinvorkommen. – Dipl.-Arb., Min. Inst., Freiberg 1957.
SCHLAYN, I. B., W. A. MEJTINA, J. W. TIMOSKOW & R. J. MONES: Die Aufbereitung von Glassanden durch die flotativmechanische Schwemmmethode. – Stek. i. Keram., 7, Nr. 10, S. 5 (1950).
SCHMIDT, R., & H. VOSS: Die Rohstoffe der Glaserzeugung. – Akademische Verlagsges. Geest & Portig, Leipzig 1958.
SCHNEIDERHÖHN, P.: Untersuchungen zur Siebanalyse von Sanden und zur Darstellung ihrer Ergebnisse. – N. Jb. Min. Abh., 85, S. 141 (1953).
– Eine vergleichende Studie über Methoden zur quantitativen Bestimmung von Abrundung und Form an Sandkörnern. – Heidelberger Beitr. Min. Petr., 4, S. 172 (1954).
– Sedimentpetrogr. Untersuchung einiger Terrassenablagerungen des oberen Euphrat. – N. Jb., Min., Abh., 91, S. 58 (1957).
SCHNITZER, W. A.: Sedimentpetrographische Untersuchungen an den postjurassischen Überdeckungsbildungen der mittleren südlichen Frankenalb. – Geol. Blätter Nordost-Bayern, 3, H. 4, S. 121 (1953).
SCHROEDER VAN DER KOLK, I. L. C.: Beiträge zur Kartierung der quartären Sande. – Z. deutsch. geol. Ges., S. 773 (1896).
– Beitrag zur Kartierung der quartären Sande. – N. Jb. Min., 1, S. 272 (1895).
SCHTSCHERBAKOW, F. A.: Einige Bedingungen für die Konzentration von Schwermineralien in den Küstenablagerungen des Meeres. – Doklady Akad. Nauk. SSSR., 118, S. 384 (1958).
SCHUMANN, H.: Über den Schwermineralgehalt der von P. SABBAN untersuchten Heidesandproben. – Heidelberger Beitr. Min. Petr., 2, S. 189 (1950).
– Neuere optische Methoden für die Bestimmung von Schwermineralien. – Erdöl u. Kohle, 4, S. 684 (1951).
SCHÜTZ, W.: Tabelle zur Bestimmung der Sandbegleitmineralien. – Glastechn. Ber., 24, S. 250 (1951).
SHRODE, R., & J. E. LAMAR: Sands and silts of extreme southern Illinois. – Illinois State Geol. Survey Circ., 184, S. 28 (1953).
SHUKRI, N. M.: Mineral analysis tables of some Nile sediments. – Bull. Inst. Fouad I Desert, 1, Nr. 2, S. 39 (1951).
– The mineralogy of Egyptian sediments. – Bull. Inst. Desert Egypte, 3, Nr. 1, S. 93 (1953).
SHUKRI, N. M., & N. AZER: The mineralogy of Pliocene and more recent sediments in the Faiyum. – Bull. Inst. Fouad I Desert, 2, Nr. 1, S. 10 (1952).
SHUKRI, N. M., & M. K. EL AYOUTI: The mineralogy of the Nubian sandstone in Aswan. – Bull. Inst. Desert Egypte, 3, Nr. 2, S. 65 (1953).
SHUKRI, N. M., & G. PHILIP: The geology of the Mediterranean coast between Rosetta and Bavdia. III. – Bull. Inst. Egypte, 37, S. 445 (1956).
SIDORENKO, A. V.: Über die Zusammenhänge zwischen der mineralogischen Zusammensetzung und der Korngröße der Sande. – Doklady Akad. Nauk. SSSR, 101, S. 977 (1955).
SINDOWSKI, K. H.: Sedimentpetrographische Methoden zur Untersuchung sandiger Sedimente. – Geol. Rdsch., 29, S. 196 (1938).
– Über die Verwitterbarkeit der Schwermineralien I u. II. – Z. deutsch. geol. Ges., 90, S. 626 (1938).
– Schüttungsrichtungen und Mineralprovinzen im westdeutschen Buntsandstein. – Geol. Jb., 73, S. 277 (1958).
– Sedimentpetrographische Charakterisierung der liegenden und hangenden Tertiärsande aus dem Braunkohlentagebau Bornhausen am Harz. – Geol. Jb., 79, S. 663 (1962).
SKORNJAKOWA, N. S.: Mineralogische Zusammensetzung der Sedimente des litoralen Hanges des mittleren westlichen Kaspischen Meeres. – Doklady Akad. Nauk. SSSR, 101, S. 553 (1955).
SLAVIK, J.: Těžké mineraly ze zvetralin vychodni casti stredoceskeho plutonu. – Sborník Ústr. Úst. Geol., 19, S. 337 (1952).
SONNTAG, H.: Kornverteilung und Schwermineralführung des obersten Geschiebemergels in NW-Mecklenburg. – Dipl.-Arb., Geol. Inst., Rostock 1958.
SPOTTS, J. H.: Zircon and other accessory minerals, Coast Range Batholith, California. – Geol. Soc. Amer. Bull., 73, S. 1221 (1962).
STEINERT, H.: Schwermineralien und Stratigraphie der diluvialen Geschiebemergel Schleswig-Holsteins. – Diss., Kiel 1948, Meyniana, 1 (1952).
STEINKUHL, J.: Einsatzmöglichkeiten von Rhewum-Siebmaschinen. – Angewandte Meß- und Regelungstechnik (am+r), Ergänz.-H. zum Sprechsaal, 3, S. 214a (1963).
STIELER, A.: Die elektrische Sortierung. – Umschau, 51, S. 522 (1951).
STÖFFLER, D.: Neuere Erkenntnisse in der Tonsteinfrage auf Grund sedimentpetrographischer und geochem. Untersuchungen im Flöz Wahlschied der Grube Ensdorf (Saar). – Beitr. Min. Petr., 9, S. 285 (1963).
STUMPEL, E.: Erzmikroskopische Untersuchungen an Schwermineralien in Sanden. – Geol. Jb., 73, S. 685 (1958).
TAGUCHI, K.: Observations on the southern marginal part of the Shinjo basin (preliminary report); results of applied heavy mineral analysis. – Jap. Assoc. Mineralogist, 38, S. 132 (1954).
TANNER, W. F., A. MULLINS & J. D. BATES: Possible masked heavy mineral deposit, Florida Panhandle. – Econ. Geol., 56, S. 1079 (1961).
TAYLOR, G. L.: A centrifuge tube for heavy mineral separation. – J. Sed. Petrol., 3, S. 45 (1933).

TEMPLETON, J. S.: The Mt. Simon sandstone in northern Illinois. – Trans. Illinois-Akad. Sci., 43, S. 151 (1950).
THOMSEN, B.: On sand samples from the West coast of Greenland. – Medd. on Gronland, 157, Nr. 2, S. 1 (1957).
THÜRACH, H.: Über das Vorkommen mikroskopischer Zirkone und Titanmineralien in den Gesteinen. – Verh. phys.-med. Ges. Würzburg, 18, S. 273 (1884).
TRÖGER, W. E.: Über die Zulässigkeit des Schlämmverfahrens bei der quantitativen Schwermineralbestimmung in Sedimenten. – Chemie der Erde, 12, S. 418 (1939/1940).
TSUBOYA, K.: Garnet beach placer of Nagatsu-hama, Ehime prefecture. – Min. Geol. (Soc. Min. Geol. Japan), 1, S. 23 (1951).
TYLER, S. A., & R. W. MARSDEN: A discussion of some of the errors introduced in accessory mineral separations. – Rept. Comm. on Accessory Minerals for 1936–1937, Nat. Res. Council, S. 4, Washington 1937.
VACHRUSCHEW, V. A.: Morphologische Züge einiger akzessorischer Mineralien der Eruptivgesteine und ihre Bedeutung für die Sedimentpetrographie. – Doklady Akad. Nauk SSSR, 98, S. 641 (1954).
VALETON, I.: Opakanteil der Schwerminerale als Bezugsgröße für Auslesevorgänge. – Erdöl und Kohle, 6, S. 245 (1953).
– Petrographie des süddeutschen Hauptbuntsandsteins. – Heidelberger Beitr. Min. Petr., 3, S. 335 (1953).
– Veränderungen an Zirkon und Turmalin im Buntsandstein und Keuper. – Heidelberger Beitr. Min. Petr., 5, S. 100 (1955).
VINKEN, R.: Sedimentpetrographische Untersuchung der Rheinterrasse im östlichen Teil der Niederrheinischen Bucht. – Fortschr. Geol. Rheinl. u. Westf., Krefeld, 4, S. 127 (1959).
VOELCKER, I.: Schwermineraluntersuchung der Sande der Düne von Helgoland. – Geol. Meere u. Binnengewässer, 1, S. 5 (1937).
VOGEL, W.: Der Einfluß verschiedener Rohstoffe und ihrer Verunreinigungen auf Glasqualität und Glaseigenschaften. – Silikattechn., 12, S. 54 (1961).
VOLLBRECHT, K.: Zur Frage der Sedimentbewegung im litoralen Gürtel. – Acta. Hydrophysica, 2, H. 2 (1954).
WALGER, E.: Ein Kunstharz mit hoher Brechzahl als Einbettungsmittel für Schwermineralpräparate und für andere petrographische Zwecke. – Erdöl und Kohle, 12 (1959).
WATTERS, W. A., H. J. TODD & E. J. SIXTUS: Fergusonite and samarskite from Canaan, Pikikiruna Range, Nelson. – New Zealand J. Geol. Geophys., 4, S. 270 (1961).
WEYL, R.: Schwermineralverwitterung in schleswig-holsteinischen Böden. – Naturw. Ver. Schleswig-Holstein, 25, S. 157 (1951).
– Terrassengliederung und Schwermineralführung von Schotterablagerungen des südwestlichen Schwarzwaldes. – N. Jb. Geol., Mh., H. 9, S. 262 (1951).
– Schwermineraluntersuchungen an Böden des württembergischen Unterlandes. – N. Jb. Geol., Mh., H. 11, S. 482 (1952).
– Zur Frage der Schwermineralverwitterung in Sedimenten, I. Erscheinungsbild und Vorkommen der Schwermineralverwitterung. – Erdöl u. Kohle, 5, S. 29 (1952).
– Schwermineraluntersuchungen an eiszeitlichen Ablagerungen der Riß-Lechplatte. – Geol. Bavarica, Nr. 14, S. 107 (1952).
– Schwermineraluntersuchungen im schleswig-holsteinischen Jungtertiär. – Z. deutsch. geol. Ges., 104 (1952).
WEYL, R., & H. WERNER: Altersbestimmung von Eiszeitgeschieben mit Hilfe von Schwermineralien. – Meyniana, 1, S. 130 (1952).
– Schwermineraluntersuchungen im Jungtertiär und Alttertiär Schleswig-Holsteins. – Inst. Cong. Sedimentology Netherlands, S. 293 (1951).
WEYRICH, H.: Vergleichende Schwermineraluntersuchungen im Tertiär und Pleistozän Mecklenburgs. – Z. angew. Geol., 7, S. 466 (1961).
– Untersuchungen zur Schwermineralführung pleistozäner und tertiärer Sedimente aus dem norddeutschen Raum. – Ber. Geol. Ges. DDR, 8, S. 537 (1963).
WIEDEMANN, F.: Seifenbildung im Elbsandsteingebirge, III. Granat und andere „Edelsteine“ aus dem Seufzergründel und ihre Beziehung zum Muttergestein. – Bergakad., 14, S. 508 (1962).
WIESENEDER, H.: Die Verteilung der Schwermineralien im nördlichen inneralpinen Wiener Becken und ihre geologische Deutung. – Vern. Geol. B.-A., S. 207, Wien 1952.
– Über die Veränderungen des Schwermineralbestandes der Sedimente durch Verwitterung und Diagenese. – Erdöl u. Kohle, 6, S. 369 (1953).
– Ergebnisse sedimentologischer und sedimentpetrographischer Untersuchungen im Neogen Österreichs. – Mitt. geol. Ges. Wien, 52, S. 213 (1960).
WILSON, H. E.: The petrography of the Old Red Sandstone rocks of the north of Ireland. – Roy. Irish Acad., 55, Nr. 13, sec. B., S. 283 (1953).
WIRTZ, D.: Über eine Zirkon- und Monazitseife im Kurischen Haff. – N. Jb. Geol., Mh., H. 6, S. 241 (1952).
WOLETZ, G.: Schwermineralanalysen von klastischen Gesteinen aus dem Bereich des Wienerwaldes. – Austria, Geol. Bundesanst. Jb., 94, S. 167 (1950).
WOOD, G. V.: The heavy mineral suites of the Lower Greensand of the Western Weald. – Proc. Geol. Assoc., 67, S. 124 (1956).
WUNDERLICH, H. G.: Liefergebiete und Schüttungsrichtungen des mitteldeutschen Buntsandsteins nach Maßgabe der Schwermineralführung. – N. Jb. Geol. Pal., Mh., S. 123 (1957).
– Die kombinierte Leitmineral- und Geröllanalyse – ein Hilfsmittel für Stratigraphie und Tektonik. – Erdöl u. Kohle, 5, H. 9 (1952).
ZESCHKE, G.: Uraninit-Vorkommen in rezenten Schwermineralsanden des Industales. – N. Jb. Min., Abh., 93, S. 240 (1959).
– Prospecting for ore deposits by panning heavy minerals from river sands. – Econ. Geol., 56, S. 1250 (1961).

Autorenkollektiv

Verdeckte, erzkontrollierende Tiefenbruchzonen[1]

Referiert von WOLFGANG BEYER, Schneeberg

Eines der Hauptprobleme der Lagerstättenkunde ist die räumliche Verteilung der Erzfelder und -lagerstätten in einem Erzgebiet. Die detaillierte Untersuchung der Strukturen von Erzgebieten (als selbständige Richtung „Erztektonik“) findet in der Sowjetunion eine breite Anwendung. Damit werden jedoch bei weitem noch nicht jene regionalen Besonderheiten, die zur räumlichen und zeitlichen Verteilung endogener Mineralisation führen, erklärt. Nur bei Ausdehnung der Untersuchungen auf mehrere Erzgebiete können neue Gesetzmäßigkeiten ermittelt werden.

Das wichtigste Ergebnis der letzten Jahre ist auf diesem Gebiet die Erkennung der langlebigen Bruchzonen, die vielfach vom oberen Strukturstockwerk verdeckt sind. Tiefenbrüche dieser Art sind durch verschiedene Merkmale an der Oberfläche zu lokalisieren (Gesteinsgänge, Intrusivstöcke, fazielle Korridore usw.). Die Verknüpfung solcher Merkmale läßt meist auf ein langes Vorhandensein der regionalen Bruchzone schließen. Durch derartige Tiefenbrüche zeigt sich besonders klar der wechselseitige Zusammenhang zwischen Sedimentation, Dislokation, Magmatismus und Erzbildung. Die verdeckten Tiefenbruchzonen werden oft von Erzgürteln begleitet, wobei größere Vererzungen hauptsächlich an die Schnittpunkte von verschieden orientierten Bruchzonen gebunden sind. Die erzkonzentrierende Bedeutung eines Gangkreuzes spiegelt sich also in der regionalstrukturellen Stellung eines ganzen Lagerstättenbezirkes wider.

Das vorliegende Heft, das unter der Redaktion von E. T. SCHATALOW erschienen ist, vereinigt folgende Arbeiten zu dem erwähnten Problem:

[1] Aus: Akad. Wiss. UdSSR, Institut f. Geologie d. Erzlagerstätten, Petrographie, Mineralogie und Geochemie, Moskau 1962, Folge 84, 104 Seiten.

LAWEROW, N. P., B. L. RYBALOW & L. W. CHOROSCHOLOW: Der Einfluß von Bruchzonen auf die Verteilung effusiver und intrusiver Gesteine.

ARCHANGELSKAJA, W. W., O. P. POLJAKOWA, W. N. TITOW & N. A. TSCHITAEWA: Der Aufbau und die Entwicklung erzkontrollierender Tiefenbruchzonen im polymetallischen Gürtel von Osttransbaikalien.

TOMSON, I. N.: Besonderheiten geschwächter Zonen über verdeckten Bruchzonen des Fundaments in den Faltengebirgen des Fernen Ostens.

TOMSON, I. N., W. W. ARCHANGELSKAJA & N. G. SEMENOWA: Die Systeme von Tiefenbruchzonen im östlichen Transbaikalien.

TSCHEGLOKOW, S. W.: Die Bedeutung verdeckter Bruchzonen in der Struktur eines Erzfeldes.

Bei der Feststellung verdeckter Bruchzonen haben die Dislokationsmerkmale eine besonders große Bedeutung. Aus diesen schloß man bis vor kurzem auf die Lage der Erzfelder (Erzfelder an Längs- oder Querverbiegungen der Faltengebirge, Verbiegungen regionaler tektonischer Störungen usw.). Die Abtrennung strukturell-geologischer Positionen von Erzfeldern reicht jedoch nicht für eine Prognose aus; denn nicht alle Strukturanomalien werden von Erzfeldern begleitet, und andererseits wird die Position meist erst im letzten Erkundungsstadium erkannt. Für die geologischen Grundlagen prognostischer Karten der Erzgebiete hat sich die Untersuchung der Tiefenstörungen als sehr günstig erwiesen, da diese in der geologischen Geschichte eines Gebietes oft eine große Rolle spielten.

Die wichtigsten Besonderheiten verdeckter Tiefenstörungen sind ihre lange Aktivität und ihr oftmaliges Wiederaufleben. Am aktivsten sind sie in postorogener Zeit (kleine Intrusionen, Gesteinsgänge, Mineralisation). Ungeachtet dessen haben sie meist eine alte Anlage. Im SCHTSCHERBAKOW-Erzfeld von Primorje folgen auf unterkretazische marine Ablagerungen im Bereich einer verdeckten Tiefenstörung kontinentale Ablagerungen mit Pflanzenresten. Diese faziellen Verhältnisse zeigen, daß die Anlage bereits während der geosynklinalen Sedimentation erfolgte.

Mitunter zeigen Tiefenstörungen einen Zusammenhang mit der geosynklinalen Entwicklung. Es handelt sich meist um durchgehende Störungen an der Grenze strukturell-fazieller Zonen. Die von der geosynklinalen Entwicklung unabhängigen, autonomen Tiefenstörungen weisen oft die eigentliche Erzführung auf. Als Merkmale für den unabhängigen Charakter gibt I. N. TOMSON die folgenden an:

1. Die Tätigkeit der verdeckten Bruchzone übersteigt die Dauer des Geosynklinalzyklus, wobei die maximale tektonische Aktivität der Geosynklinale und die der verdeckten Bruchzone nicht zusammenfallen.
2. Die Orientierung der verdeckten Bruchzonen ist konstant und von der geosynklinalen Strukturrichtung unabhängig.
3. Scharfe Differenzierung der Bruchzone im Verhältnis zum geosynklinalen, batholithischen und postorogenen Magmatismus. Für Batholithen scheinen diese Zonen ungünstig zu sein. In Primorje deuten Gürtel von Xenolithen die Störungsrichtung an. Die postorogenen, kleinen Intrusionen benützen dagegen die verdeckten Tiefenbrüche als Aufstiegswege.
4. Die Mineralisation und die Zusammensetzung der Intrusivkörper sind entlang diesen Tiefenbrüchen meist konstant.

Morphologisch treten zwei Typen von Zonen verdeckter Tiefenbrüche auf, lineare und bogenartige Strukturen. Die linearen Strukturen, die auch bis zur Oberfläche durchgehen können, bilden niemals eine durchgehende Linie, sondern stets eine Serie kleinerer kulissenartig angeordneter Störungen. Die relativ seltenen bogenartigen oder Ringstrukturen sind meist an geradlinige Tiefenbruchzonen geknüpft (Ferner Osten, Kasachstan, Mittelasien usw.). Sie besitzen eine konische Form, die nach der Tiefenstörung einfällt. Die Ringstrukturen werden oft von effusiven oder intrusiven Komplexen eingenommen. Die äußeren Zonen dieser Strukturen sind lagerstättenhöffig, wobei eine konzentrische Zonalität der Vererzung typisch ist.

Die Breite verdeckter Tiefenbruchzonen schwankt von 1—3 km (in seltenen Fällen 20 km und mehr). Als Merkmale, die auf solche Zonen hinweisen, werden von den verschiedenen Autoren u. a. die folgenden angegeben:

1. Xeonolithe des Schiefergebirges in Granitoiden entsprechend der Störungsrichtung;
2. fazielle Korridore (z. B. Ausbisse tiefpaläozoischer Metamorphite und variskischer Granitoide entlang einem angenommenen Tiefenbruch inmitten jurassischer Ablagerungen);
3. Auftreten von Intrusivstöcken und Ganggesteinsfeldern;
4. Veränderung des Kluftcharakters im Bereich der Tiefenzone;
5. Vergrößerung der tektonischen Bewegungsintensität (Verschieferungszonen, intensive Zerklüftung gegenüber der Umgebung usw.);
6. Entwicklung disjunktiver Bruchstörungen entlang der Tiefenbruchzone;
7. Verbiegungen des regionalen Faltenbaues;
8. Zonen hydrothermaler Veränderung;
9. Austritt mineralisierter Wässer und Gase entlang dem Tiefenbruch;
10. Auftreten von Erzvorkommen und Mineralisation entlang der Bruchzone.

Meist treten nur einige der genannten Kennzeichen auf. Im allgemeinen verringert sich ihre Zahl vom tieferen zum höheren Stockwerk. In oberkimmerischen Granitoiden von Transbaikalien (W. W. ARCHANGELSKAJA u. a.) waren nur noch disjunktive Störungen, Pb-Zn-Lagerstätten und Zonen hydrothermaler Veränderung als Merkmale einer zu vermutenden Tiefenbruchzone maßgebend.

Die Xenolithe und eingeschlossenen Schollen des metamorphen Schiefergebirges in Granitoiden, die bis zu mehreren Kilometern groß sein können, liegen oft in der nachweisbaren Orientierung größerer Tiefenbrüche. Sie geben dann einen Hinweis darauf, daß diese vor dem Eindringen der Intrusion vorhanden waren.

Die verdeckten Tiefenbrüche treten meist in einem sehr frühen Entwicklungsstadium der Orogenese auf und beeinflussen daher den faziellen Charakter der sedimentären Ablagerungen. Typisch ist dabei die Beschränkung der faziellen Veränderung auf einen schmalen Streifen entlang der zu vermutenden Tiefenbruchzone. Neben dieser Veränderung (fazieller Korridor) kann auch eine scharfe Mächtigkeitsänderung der Ablagerungen vorhanden sein.

Das Auftreten von Intrusivstöcken und Gesteinsgängen ist eines der typischsten Kennzeichen von Tiefenbruchzonen, da sie von erhöhter Durchdringbarkeit der Kruste zeugen. Ganggesteinsschwärme sind vor allem an solche Zonen gebunden, wobei die Orientierung der einzelnen Gesteinsgänge kein entscheidender Faktor ist. Vielmehr ist der Umriß der von Gesteinsgängen bedeckten Fläche von Bedeutung, da die Gänge oft quer zur Richtung der Bruchzone orientiert sind. In dieser Hinsicht ist vor allem die erste Arbeit vom Interesse (LAWEROW, RYBALOW & CHOROSCHILOW). Die Autoren zeigen den Einfluß von Bruchzonen auf die Verteilung saurer Intrusionen und Effusionen im Tienschan. Die verschiedenen Effusivfazies gruppieren sich beispielsweise gesetzmäßig um das Zentrum der Tiefenbruchzone. Hier lokalisiert sich die Kraterfazies der Effusionen (Effusivlaven, Ignimbrite, Tuffbrekzien, Lavabrekzien, Bombentuffe usw.) mit grobem pyroklastischem Material. Mit zunehmender Entfernung von diesem Zentrum treten feinere pyroklastische und terrigene Ablagerungen auf (schichtige Tuffe, Tuffsandsteine, Tuffite, Aschentuffe usw.). Die Kraterfazies verschwindet völlig. Ähnliche zonale Verhältnisse werden auch für subvulkanische Massive beschrieben.

Besondere Bedeutung weisen die Autoren auch einer erhöhten Klüftigkeit im Bereich der vermuteten Bruchzone zu. Sie braucht jedoch nicht immer vorhanden zu sein. TOMSON beschreibt die Arbeitsmethodik, die zur Auffindung mehrerer Tiefenbrüche beitrug.

Die Zonen der hydrothermalen Veränderung schwanken je nach Größe der Störung von 1—2 m bis zu 1—2 km. In Abhängigkeit vom Charakter der Nebengesteine wird eine bestimmte hydrothermale Veränderung zu erwarten sein. In Granitoiden wird z. B. eine Serizitisierung, in karbonatischen Gesteinen eine Verquarzung und mitunter Dolomitisierung, in Schiefern und Konglomeraten eine Serizitisierung und in Lamprophyren eine Serizitisierung und Karbonatisierung vorherrschen.

Hinsichtlich der Mineralisation in Zonen verdeckter Tiefenstörungen müssen nicht nur Erzgänge, sondern auch verskarnte Gesteine, Skarnlager, disperse Erzmineralisationen usw. berücksichtigt werden. Regionale Bruchstörungen sind nicht immer erzführend, während die verdeckten Tiefenstörungen vielfach von einer Mineralisation begleitet werden. Dies macht sich besonders dann bemerkbar, wenn beide Typen in einem System auftreten. Die Lokalisierung der Vererzung erfolgt auf zwei Arten. Entweder treten Erzvorkommen in schmalen Zonen auf, oder sie konzentrieren sich an den Schnittpunkten zweier Tiefenstörungen. Die gürtelartige Anordnung von Mineralisationen ist eines der wichtigsten Kennzeichen.

Da größere Erzfelder und -lagerstätten nur in einzelnen Bereichen verdeckter Tiefenbrüche auftreten und sich im allgemeinen an Strukturkreuze halten, spielen diese Brüche bei der Zusammenstellung prognostischer Karten eine vorrangige Rolle. Bei der Einschätzung der Perspektiven von Erzgebieten müssen natürlich auch die anderen geologischen Gegebenheiten (Intrusivkörper, lithologische Verhältnisse usw.) ihre gebührende Beachtung finden, da nur eine komplexe Betrachtung der geologischen Faktoren zu dem gewünschten Ergebnis führen kann.

Die in methodischer Hinsicht außerordentlich interessanten Arbeiten verdienen auch die Aufmerksamkeit unserer Geologen, da im Grundgebirge unserer Republik ebenfalls vielfach Anzeichen für verdeckte Tiefenbruchzonen vorliegen. Einige Beispiele sollen kurz erwähnt werden. Es ist bekannt, daß im saxothuringischen Raum eine Strukturvergitterung herzynischer und variskischer Elemente vorhanden ist (W. v. SEIDLITZ, R. SCHÖNENBERG, A. MEINEL, A. WATZNAUER, G. MÖBUS u. a.). Neuerdings wurde auch für den prätertiären Untergrund Südbrandenburgs eine Strukturvergitterung angenommen (F. KÖLBEL). Diese regionalen Strukturelemente, die meist eine langandauernde, durch Ruhezeiten unterbrochene Tätigkeit aufweisen (z. B. in Thüringen), deuten vielfach auf einen genetischen Zusammenhang zwischen Tektonik, Magmatismus und Mineralisation hin. Nach MEINEL (1962) bilden die nachgewiesenen Granitrücken prägranitische Großstrukturen ab und liegen meist dort, wo die Sättel von Querzonen durchbrochen werden. Der initiale Magmatismus Ostthüringens zeigt ein Gebundensein an langgestreckte Senkungsstreifen und Schwächelinien und insbesondere an deren Kreuzungsstellen (SCHÖNENBERG 1951). So finden sich z. B. in der Weida—Zeulenrodaer Diabaszone starke Diabaskonzentrationen an den Schnittpunkten der SW-(Triebes—Dörtendorf) und NE-Begrenzung (Loitsch) der Greizer Schwelle mit dem Schleizer Trog. Auch der Sayda—Berggießhübler Gangschwarm im Osterzgebirge, der ein System von Blockverschiebungen regionaler Bedeutung benutzte, gehört zweifellos hierher (ENGERT 1956, MOESTA 1928). Diese Blockverschiebungen, die mit permischen subsequenten Magmatiten erfüllt wurden, sind gleichzeitig auch die Zufuhrspalten tertiärer finaler Magmatite (z. B. östlich von Sayda).

Auch Lagerstätten benützen die Kreuzungsbereiche von Großstrukturen. Nach A. WATZNAUER (1961) befindet sich die U-Lagerstätte von Ronneburg an dem Schnittpunkt des vermuteten Granitrückens von Rochlitz—Auma mit der Finnestörung. Bekanntlich liegt auch die U-Lagerstätte von Oberschlema im Schnittpunkt der Lößnitz—Zwönitzer Synklinale mit der Strukturzone „Roter Kamm". Die strukturellen Verhältnisse sind jedoch nicht die alleinige Ursache der Lagerstättenbildung.

Denken wir weiterhin an die eigenartige ringförmige Struktur der Porphyre des Tharandter Waldes und die Erzgänge an den Rändern dieser Struktur. Als ein letztes Beispiel sollen die Schollen metamorpher Gesteine im Eibenstocker Granit und im Teplitzer Quarzporphyr Erwähnung finden. Diese Schollen zeigen alle die Orientierung benachbarter größerer Strukturen.

Die erwähnten Beispiele sollen unterstreichen, daß bei einer regionalen Betrachtung unseres Grundgebirges ebenfalls mit verdeckten Tiefenbruchzonen zu rechnen ist.

Literatur

ENGERT, P.: Beiträge zur Stratigraphie und Tektonik des Elbtalschiefergebirges. — Beih. z. Geologie, Nr. 16 (1956).

KÖLBEL, F.: Das Prätertiär von S-Brandenburg. — Geologie, 11, S. 1113 bis 1132 (1962).

MEINEL, G.: Über lagerstättenkundliche Ergebnisse und Methodik der Erkundung von Erzvorkommen des spätvaristischen Magmatismus im Ostthüringer Schiefergebirge. — Ber. Geol. Ges. DDR, 7, S. 206—217 (1962).

MÖBUS, G.: Zur Tektonik der Ganggesteine im Lausitzer Massiv. — Geologie, 8, S. 601—611 (1959).

MOESTA, G.: Brüche und Porphyreffusionen im östlichen Erzgebirge. — Z. D. Geol. Ges., 80, S. 343—408 (1928).

SCHÖNENBERG, R.: Stratigraphie, Tektonik und geosynklinaler Magmatismus der ältesten Oberdevonzeit am Bergaer Sattel (Ostthüringen). — Geol. Jahrb., 66, S. 15—64 (1951).

SEIDLITZ, W. v.: Die Vergitterung tektonischer Achsen im Bauplan Thüringens. — Beitr. Geol. Thüringens, 1, S. 1—15 (1927).

WATZNAUER, A.: Beiträge zur Kenntnis der varistischen Plutogenese. — Abh. Akad. Wiss. Berlin, Kl. f. Bergb., Hüttenw. u. Montangeol., Jg. 1960, KRAUS-Festschrift, S. 62—76 (1961).

Die erdmagnetische Vermessung Ostthüringens, des Vogtlands und des Westerzgebirges[1]

GERHARD ADLER & MARTIN LEHMANN, Leipzig

(Mitteilung aus dem VEB Geophysik, Leipzig)

Vorbemerkungen

Das Untersuchungsgebiet umfaßt im wesentlichen den nordöstlichen Teil der Ziegenrücker Mulde, den Ostthüringischen (Bergaer) Hauptsattel, die Vogtländische Mulde sowie einen Teil des Westerzgebirges. Randlich greift es im Norden auf das Thüringer und das Erzgebirgsbecken über. Im Süden reicht es bis an die Staatsgrenze der DDR. Die in den Jahren von 1958 bis 1962 mit mehreren Unterbrechungen durchgeführten magnetischen Messungen bilden einen weiteren Beitrag zur Vervollständigung der magnetischen ΔZ-Karte der DDR. Sie wurden 1963 nach Osten fortgesetzt, und bis 1965 soll die magnetische Vermessung des gesamten Erzgebirges abgeschlossen sein.

Geologische und geophysikalische Situation

Nach der von KOSSMAT (1927) vorgenommenen Gliederung des mitteleuropäischen varistischen Gebirges liegt das Meßgebiet im Saxothuringikum, einer Zone, die im Norden vom Rhenoherzynikum und im Süden vom Moldanubikum begrenzt wird. STILLE (1947) unterteilt das Saxothuringikum im mitteldeutschen Raum in mehrere tektonische Elemente:

1. Schwarzburger Sattel,
2. Ostthüringer (Ziegenrücker) Hauptmulde,
3. Ostthüringer (Bergaer) Hauptsattel,
4. Vogtländische Mulde,
5. Sattelzone des Fichtel- und Erzgebirges.

Der Schwarzburger Sattel liegt außerhalb des Meßgebietes. Die Ergebnisse seiner magnetischen Vermessung wurden bereits früher von FRANZ (1960) veröffentlicht. Von der Ziegenrücker Mulde wird nur der nördliche Teil erfaßt. Sie besteht aus sehr gering magnetischen Kulmtonschiefern, die vereinzelt eine stärkere Magnetkiesführung aufweisen, wobei es zu einem geringen Anstieg der Suszeptibilität kommt. Nahezu unmagnetisch sind auch die sich im Norden anschließenden Gesteine des Zechsteins und des Buntsandsteins des Thüringer Beckens.

Einen komplizierten Bau zeigt der sich nach Osten anschließende Bergaer Sattel. Neben zahlreichen tektonischen Störungen treten besonders an seinen Rändern und im südlichen Teil in den ordovizischen und silurischen Schiefern zahlreiche Einlagerungen von devonischen Eruptivgesteinen und deren Tuffen auf. Während die Suszeptibilität der Schiefer sehr gering ist, besitzen die Eruptiva eine recht unterschiedliche Magnetisierbarkeit. Bei den Diabasen liegt sie zwischen Werten $< 50 \cdot 10^{-6}$ und $5000 \cdot 10^{-6}$, bei den Paläopikriten zwischen 300 und $900 \cdot 10^{-6}$. Die Suszeptibilität der Diabasbrekzien und -tuffe beträgt 50 bis $1500 \cdot 10^{-6}$. An den Bergaer Sattel schließt sich im Osten die Vogtländische Mulde an, die in ihrem westlichen Teil von kulmischen Tonschiefern erfüllt ist, während im östlichen Teil verbreitet devonische Schiefer und Diabastuffe auftreten, denen stellenweise verschiedene Arten von Diabasen eingelagert sind. Zahlreiche tektonische

[1]) Eingang des Manuskripts in der Redaktion: 18. 7. 1964

Zeitschrift für angewandte Geologie, Bd. 10 (1964) Heft 12

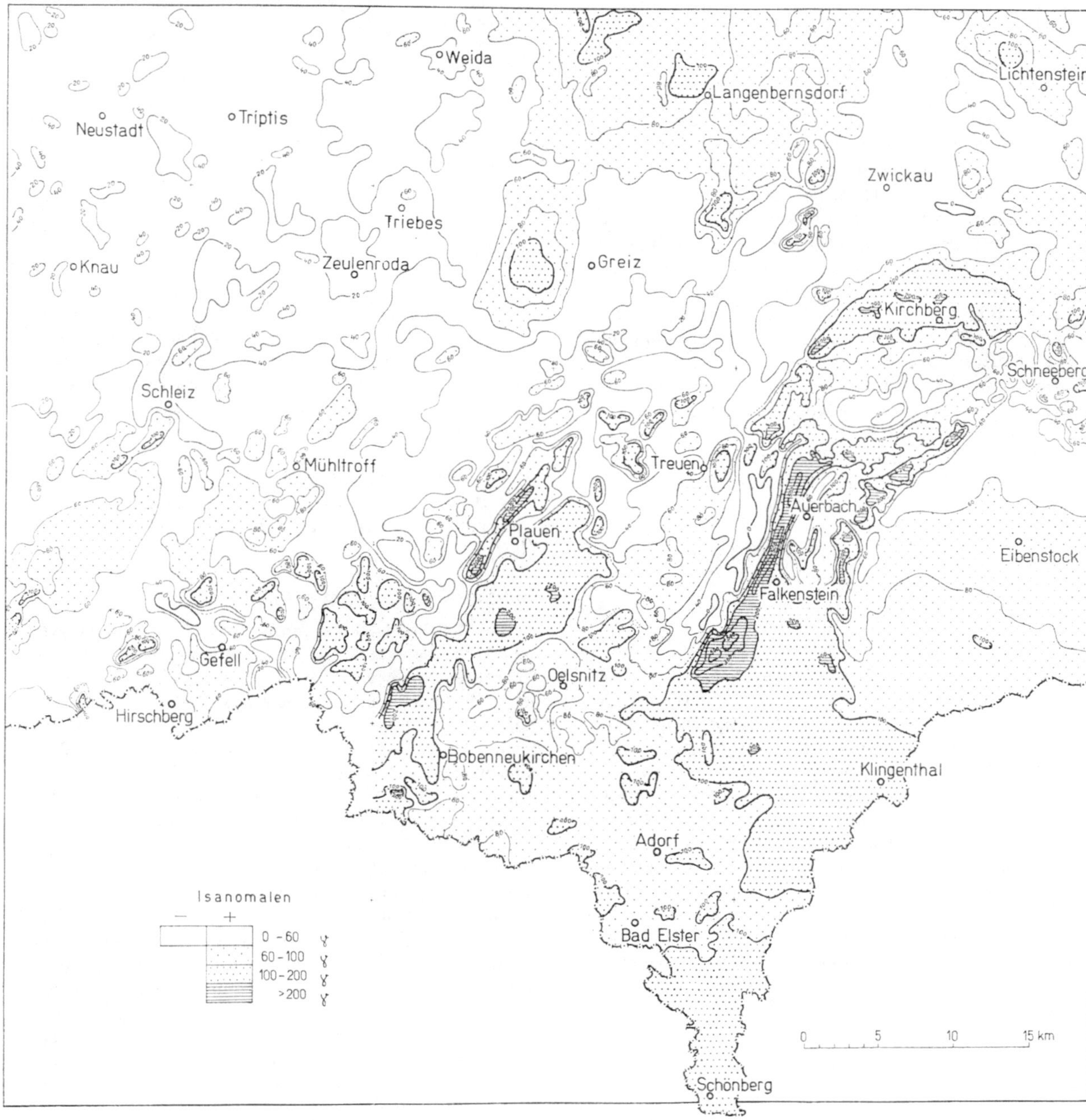

Abb. ΔZ-Isanomalenkarte (Ostthüringen, Vogtland, Westerzgebirge)

Störungen komplizieren den Bau dieses Teils der Vogtländischen Mulde.

Im Hirschberger Sattel und Greizer Quersattel treten wieder ordovizische und silurische Gesteine zutage. Hinsichtlich der magnetischen Eigenschaften ähneln alle diese Gesteine denen der Ziegenrücker Mulde und des Bergaer Sattels.

Am Nordrand der Vogtländischen Mulde greift das Meßgebiet auf den südlichen Teil des Erzgebirgsbeckens über, der überwiegend aus Sedimenten des Rotliegenden gebildet wird, denen vereinzelt Eruptiva (Porphyre, Porphyrite, Melaphyre) eingelagert sind. Die Sattelzone des Fichtel- und Erzgebirges besteht in der Hauptsache aus Gneisen, Glimmerschiefern und Phylliten mit Einlagerungen von Quarziten, Amphiboliten und Hornblendegesteinen. Die Suszeptibilität dieser Gesteine ist i. a. gering, lediglich die Quarzite und Hornblendegesteine zeigen vereinzelt Werte bis $2000 \cdot 10^{-6}$.

Von größerer Bedeutung für die magnetischen Untersuchungen sind die Kontaktgesteine der erzgebirgischen Granitmassive. Im westlichen Erzgebirge gehört dazu das große Eibenstocker Massiv, das im Westen vom Bergener Granit, im Norden vom Kirchberger Granit und im Nordosten von den kleinen Granitvorkommen zwischen Schneeberg, Aue und Schwarzenberg umrahmt wird. Die Granite entstammen nach Watznauer (1954) einem einzigen Stammagma, welches das gesamte Erzgebirge unterlagert, doch drangen zu verschiedenen Zeiten Teilmagmen hoch, die sich einschließlich der Restlösungen differenzierten.

Der Granit des Eibenstocker Massivs ist ein sogenannter Turmalingranit, der erst im Gebiet der ČSSR in einen Biotitgranit übergeht. Das Kirchberger Massiv setzt sich aus normalem Biotitgranit zusammen, nur eine Randzone gegen das Schiefergebirge ist porphyrisch ausgebildet. Der Biotitgranit von Bergen führt auch geringe Mengen von Muskovit und nicht selten Turmalin. Die Flanken dieser Granitvorkommen fallen flach nach außen ein, so daß die Kontaktzonen teilweise miteinander verschmelzen. Die Kontakthöfe um die vogtländisch-erzgebirgischen Granite sind überall typisch entwickelt.

So kann besonders am Nordrand des Kirchberger Granites die Abnahme der Kontaktwirkung vom Andalusitcordieritglimmerfels und Andalusitcordieritglimmerschiefer der inneren Kontaktzone über Frucht-, Knoten- und Fleckschiefer der äußeren Zone bis in den unveränderten phyllitischen Tonschiefer verfolgt werden.

Aus dem Neogen stammen schließlich einzelne Basaltvorkommen, die an verschiedenen Stellen des Vogtlandes und Erzgebirges in Form von Schloten und Gängen erhalten sind.

Von insgesamt 3325 Gesteinsproben aus dem Gebiet der Meßtischblätter Falkenstein, Eibenstock, Auerbach, Schneeberg, Zwickau-Süd und Kirchberg wurde die Ablenkung an der Feldwaage ermittelt und durch Multiplikation mit dem Faktor $2{,}5 \cdot 10^{-6}$ (PESCHEL 1959) die wahre Suszeptibilität bestimmt.

Eine große Streuung der Magnetisierbarkeit zwischen 20 und $6500 \cdot 10^{-6}$ zeigten vor allem die Kontaktgesteine; bei den Diabasen und deren Tuffen lag sie zwischen 65 und $1700 \cdot 10^{-6}$, bei den Quarziten zwischen 50 und $2400 \cdot 10^{-6}$. Fast unmagnetisch sind die Granite mit Ausnahme der porphyrischen Varietät des Kirchberger Massivs mit Werten zwischen 5 und $210 \cdot 10^{-6}$. In der folgenden Tabelle sind die mittleren Suszeptibilitätswerte der wichtigsten Gesteine des Meßgebietes zusammengestellt.

Granitmassive	$\varkappa \cdot 10^{-6}$
Bergener Granit:	
mittel- bis grobkörniger Biotitgranit	2
Kirchberger Granit:	
fein- bis mittelkörniger Biotitgranit	5
porphyrischer Biotitgranit	45
Eibenstocker Granit:	
grobkörniger Turmalingranit	5
feinkörniger Turmalingranit	10
porphyrischer Turmalingranit	5
Kontaktzonen	
Äußere Kontaktzone:	
Fleck- und Fruchtschiefer	850
Innere Kontaktzone:	
Andalusitglimmerfels	95
Andalusitcordieritglimmerfels	2870
Quarzturmalinschiefer	35
Systeme und Abteilungen	
Ordovizium:	
Tonschiefer	60
grauwackenartiger Quarzit	150
Quarzit (im Phyllit)	930
Phyllit	50
Hornblendegestein	1980
Unterdevon:	
Diabas	580
Diabastuff	540
Mittel- und Oberdevon:	
Tonschiefer	110
Tentaculitenschiefer	80
Unterkarbon:	
Kalkschiefer	15
Rotliegendes:	
Tonschiefer	90
Melaphyr	630
Neogen:	
Nephelinbasalt	8500

Die Suszeptibilitätswerte der Gesteine auf dem angrenzenden Gebiet der ČSSR, die mit dem astatischen Magnetometer bestimmt wurden, entsprechen diesen Ergebnissen. So wurden am Granit des Fichtelgebirgsmassivs die niedrigsten Magnetisierbarkeiten von 2 bis $10 \cdot 10^{-6}$ gemessen. Die Werte der kristallinen Gesteine (Chebskè fylity) bewegten sich innerhalb weiter Grenzen (1 bis $2000 \cdot 10^{-6}$), und die höchsten $\varkappa$-Werte wurden erwartungsgemäß an Basalt zwischen 3000 und $30000 \cdot 10^{-6}$ beobachtet (MAZÁČ & POKORNÝ 1962).

Ergebnis der Vermessung (Abb.)

Das Meßgebiet läßt sich hinsichtlich des Isanomalenbildes in mehrere Teilgebiete mit unterschiedlichem Charakter gliedern. Jedes dieser Teilgebiete entspricht einer der tektonischen Einheiten, die das Meßgebiet aufbauen. Im Bereich der Ziegenrücker Kulmmulde liegen die Störwerte i. a. zwischen 20 und 30 γ. Vereinzelt läßt sich eine Erhöhung der Werte bis 40 γ erkennen. Dieser geringe Anstieg konnte durch die Vermessung einiger Profile mit Punktabständen von 200 m bestätigt werden. Seine Ursache ist aus dem Oberflächenbefund nicht zu erklären. Es ist möglich, daß er durch eine stellenweise auftretende stärkere Magnetkiesführung der Kulmtonschiefer hervorgerufen wird. Ob diese Magnetkiesbildung im Zusammenhang mit einer Kontaktwirkung des Granitplutons steht, der auf Grund von Gravimetermessungen im Raume Auma vermutet wird, kann nach den magnetischen Messungen nicht gesagt werden, da keine Anzeichen für einen Pluton vorhanden sind. Eine etwa 1600 m nordnordöstlich von Auma bei 1066 m eingestellte Bohrung hat den vermuteten Granit bzw. seinen Kontakthof nicht erreicht. Die bei 350 m erbohrten Tonschiefer zeigen in den obersten Schichten Suszeptibilitätswerte bis $120 \cdot 10^{-6}$, womit die örtlich geringen Felderhöhungen erklärt werden können. Dagegen dürfte der bei 900 m angetroffene Diabas mit Werten um $100 \cdot 10^{-6}$ keinen Einfluß auf die Störwerte an der Oberfläche haben.

In einer Bohrung bei Zadelsdorf westlich Zeulenroda wurden bereits ab 135 m Teufe Diabasmandelsteine erbohrt, die im Wechsel mit Tonschiefern bis 25 m Mächtigkeit erreichen und die Ursache der in diesem Raum auftretenden geringen Erhöhung der Störwerte sein können.

Im Bereich des Bergaer Sattels, besonders an dessen Flanken, wird das magnetische Bild wesentlich unruhiger. In zahlreichen kleinen Anomalien werden Störbeträge von mehreren hundert Gamma erreicht. Nach früheren Spezialuntersuchungen (LAUTERBACH & LEHMANN 1951, FISCHER 1954 und FISCHER & LEH-

MANN 1956) und nach Suszeptibilitätsbestimmungen in Aufschlüssen und an Lesesteinen sind Diabase, insbesondere Diabasmandelsteine, mit einer mittleren Suszeptibilität von $3000 \cdot 10^{-6}$, und magnetitführendes Roteisenerz, an dem Werte zwischen $100 \cdot 10^{-6}$ und $20\,000 \cdot 10^{-6}$ gemessen wurden, Ursachen dieser Anomalien. Aus dem Auftreten dieser Anomalien lassen sich erste Hinweise für den Verlauf von Sattelstrukturen erkennen, für genauere Angaben wären allerdings weitere Spezialmessungen erforderlich.

Als weitere Störursachen haben sich bei Triebes Paläopikrite und bei Dobia magnetitführende dunkle Tonschiefer ergeben.

Unklar ist die Ursache einer schwachen Minimalzone bei Zeulenroda. Möglicherweise handelt es sich um eine Querstruktur, in der die magmatischen Gesteine stärker zurücktreten.

Im nördlichen Teil des Bergaer Sattels nimmt das magnetische Bild einen anderen Charakter an. Der Sattel besteht hier mit Ausnahme eines schmalen Streifens an der NW-Flanke aus fast unmagnetischen ordovizischen Schiefern. Somit fehlen auch die in Richtung des Sattels verlaufenden kleinräumigen magnetischen Anomalien. Dagegen ist auf dem östlichen Teil von Blatt Triebes und auf Blatt Langenbernsdorf ein großräumiger Anstieg der Störwerte zu verzeichnen, und es treten drei größere Maxima mit Werten über 100 γ auf. Das Maximum westlich von Greiz besitzt einen Durchmesser von etwa 3 km und liegt an der Grenze zwischen Bergaer Sattel und Vogtländischer Mulde. Die Isanomalen zeigen besonders an der Westflanke deutlich eine rheinische Richtung. Als Ursache der Anomalie ist ein Intrusivkörper anzunehmen, der bereits von HERTWIG (1955) auf Grund eines schwachen gravimetrischen Minimums in diesem Raum vermutet wurde.

Von den beiden Teilmaxima auf Blatt Langenbernsdorf liegt das eine über ordovizischen Schiefern, das andere über dem Rotliegenden des Erzgebirgsbeckens. Als Störursache sind auch für diese beiden Anomalien Intrusivkörper anzunehmen. Für das Maximum nördlich Langenbernsdorf können daneben Rotliegenderuptiva als Störursache eine Rolle spielen.

Der Kulmteil der Vogtländischen Mulde entspricht hinsichtlich des magnetischen Bildes der Ziegenrücker Mulde. Lediglich im Südteil wird, wie über dem Devonteil sowie dem Bereich des Hirschberger Sattels, das Bild noch wesentlich unruhiger als über dem Bergaer Sattel. Das drückt sich sowohl in der Höhe der Störwerte, die vereinzelt 500 γ überschreiten, als auch in der Vielzahl von kleinen positiven und negativen Anomalien aus. Die Mehrzahl der Anomalien besitzt entsprechend dem Muldenverlauf eine erzgebirgische bzw. steil erzgebirgische Richtung. Nur dort, wo tektonische Querstörungen auftreten, läßt sich auch im magnetischen Bild eine herzynische Richtung erkennen.

Ursachen dieser Anomalien sind ebenfalls devonische Diabasgesteine, insbesondere Diabaskonglomerate, -brekzien und -tuffe oder auch echte Diabase und Paläopikrite. Die gleichen Ursachen haben wahrscheinlich auch die im Südteil der Kulmmulde auftretenden Anomalien, was auf eine geringe Mächtigkeit der Kulmtonschiefer schließen läßt.

Eine größere Anomalie mit mehreren Teilmaxima hat sich auf Blatt Plauen-Süd ergeben. Sie verläuft von der SW-Ecke des Blattes Plauen-Süd bis zur NW-Ecke des Blattes Oelsnitz. Im Südwesten setzt sie sich jenseits der Staatsgrenze der DDR fort. Auch für diese Anomalie ist ein größerer Diabaskörper als Störursache anzunehmen. Eine Bohrung an der Neumühle bei Gülsdorf (Mbl. Plauen-Süd) erbrachte bis zur Endteufe von fast 2100 m eine Wechsellagerung von Diabasen, Tonschiefern und Grauwacken.

Der südliche Teil des Untersuchungsgebietes Vogtland—Westerzgebirge ist durch einen allgemeinen Störwertanstieg gekennzeichnet, der bis zur Landesgrenze zu verfolgen ist und vermutlich durch einen größeren magmatischen Körper hervorgerufen wird. Da die anstehenden vogtländischen Granite fast unmagnetisch sind, muß eine Suszeptibilitätszunahme mit der Tiefe angenommen werden. Im Falle des Kirchberger Granitmassivs finden diese Vermutungen eine Bestätigung durch die petromagnetischen Verhältnisse einer Bohrung auf Mbl. Schneeberg. Dabei zeigte die porphyrische Varietät des Biotitgranits in den oberen Teufenbereichen eine mittlere Magnetisierbarkeit um $100 \cdot 10^{-6}$ und ein Ansteigen der Werte bis zur Endteufe (etwa 540 m) bis $600 \cdot 10^{-6}$, in besonders biotitreichen Partien wurden Maximalwerte von $2500 \cdot 10^{-6}$ erreicht. Da an der Zusammensetzung des Massivs von Eibenstock—Karlovy Vary verschiedene, natürlich nicht wesentlich altersverschiedene Granitintrusionen beteiligt sind, ist der vertikale Übergang in Biotitgranit, Granodiorit und evtl. Diorit mit höherer magnetischer Suszeptibilität in einem Teilgebiet möglich. Eine weitere Interpretationsmöglichkeit des großräumigen Störwertanstieges bietet sich durch die Nähe des Duppauer Gebirges mit seinen zahlreichen Basaltdurchbrüchen an, da basisches Magma von gabbroidem Charakter auch bei großer Tiefenlage auf Grund seiner hohen Magnetisierbarkeit noch den gemessenen Störanteil liefern kann.

Deutlich heben sich im regionalmagnetischen Meßbild die Granitmassive von Kirchberg und Eibenstock ab, obwohl qualitativ unterschiedliche Störverhältnisse vorliegen. Der fast unmagnetische Eibenstocker Turmalingranit bildet sich indirekt durch niedrigere ΔZ-Störwerte gegenüber den umgebenden Kontaktgesteinen ab, von denen besonders der magnetitführende Quarzit und der Fruchtschiefer hohe Suszeptibilitätswerte aufweisen. Während der Verlauf der 100-γ-Isanomale im Gebiet der Meßtischblätter Klingenthal und Falkenstein die westliche Begrenzung des anstehenden Granits angibt, deckt sich diese Gesteinsgrenze im Nordwesten im Gebiet der Blätter Auerbach und Schneeberg mit der 60-γ-Isanomale. Der nordöstliche Kontakthof des Eibenstocker Granits hebt sich auf Grund der geringen Magnetisierbarkeit der Hornblendeschiefer, von denen lediglich einzelne Proben Werte $> 150 \cdot 10^{-6}$ zeigten, nur undeutlich im magnetischen Bild ab. Die Granitbegrenzung ist teilweise aus den vorgelagerten Minima $< 40\ \gamma$ und den Störwertschwankungen zu ersehen. Wenn von dem regionalen Anstieg der ΔZ-Werte in südlicher Richtung abgesehen wird, können geringe Feldschwankungen über dem Granitmassiv durch das Oberflächenrelief verursacht sein, da in Tälern eine Verminderung um $3\pi\varkappa \cdot Z_0 = 11\ \gamma$ (bei $\varkappa = 25 \cdot 10^{-6}$) und auf Bergstationen eine Felderhöhung bis maximal $4\pi\varkappa \cdot Z_0 = 15\gamma$ eintreten kann (REICH 1960). Der Biotitgranit von Kirchberg bildet sich durch eine randliche Zone erhöhter Störwerte ab, die auf eine porphyrische Varietät des Granits zurückzuführen ist. Westlich Kirchberg wurden Maximalwerte über 200γ gemessen, die in Übereinstimmung mit dem höheren Magnetitgehalt des porphyrischen Granits stehen, der nach HALLBAUER (1957) bis zu 0,5% betrug. Im Ostteil des Kirchberger Massivs überlagern sich die Wirkungen des Granitrandes und der kontaktmetamorphen Gesteine (cordieritführender Andalusitglimmerfels). Dabei deutet die breite magnetische Störzone auf ein relativ flaches Abtauchen des Kirchberger Granits in östlicher Richtung hin. Im Zentrum des Granitmassivs südlich und südwestlich Kirchberg sinken die ΔZ-Werte in einem relativen Minimum bis unter 20γ ab. Vom Bergener Granitmassiv erstrecken sich ein kleiner Teil sowie der dazugehörige Kontaktbereich auf das Gebiet der Meßtischblätter Auerbach und Falkenstein. Der östliche Kontakthof, der zum Teil in einem induktiven Minimum liegt, verursacht keine erhöhten Störwerte, so daß sich der Bergener Granit durch eine geringe flächenhafte Niveauerhöhung über 80γ abbildet. Nordöstlich Treuen auf Meßtischblatt Auerbach verschmelzen die Kontakthöfe des Bergener und Kirchberger Massivs, und die geologisch kartierten Frucht- und Fleckschiefer sowie der Andalusitglimmerfels erzeugen mehrere SW—NE gerichtete magnetische Anomalien. Der Granitstock von Oberschlema an der östlichen Meßgebietsbegrenzung konnte infolge künstlicher Störungen nicht eindeutig erfaßt werden.

Die Kontaktgesteine sowie die quarzitischen Einlagerungen im Phyllit bewirken die höchsten Störwerte der Untersuchungsfläche, die örtlich 1000γ übersteigen. Ein besonders markanter Anomalienzug verläuft von Mbl. Oelsnitz in NNE-Richtung über das Gebiet des Mbl. Falkenstein und endet auf Mbl. Auerbach am Kirchberger Granit. Als sichere Störursache konnten Magnetitquarziteinlagerungen (Typus Hoher-Stein-Quarzit) nachgewiesen werden.

Der unterdevonische Diabas und Diabastuff südwestlich Zwickau erzeugen mehrere Anomalien über 100γ, die dem generellen Schichtstreichen folgen. Da Proben dieses Gesteinsmaterials $\varkappa$-Werte von 50 bis $5000 \cdot 10^{-6}$ besaßen, zeichnen sich diese Vorkommen nur teilweise ab, und eine genaue Abgrenzung nach dem magnetischen Befund kann nicht erfolgen.

Die Gesteine des Wildenfelser Zwischengebirges heben sich erwartungsgemäß nicht magnetisch ab.

Die Rotliegendsedimente im westlichen Teil des Erzgebirgsbeckens bedingen niedrige Störwerte mit nur geringen Schwankungen, da die vorherrschenden Sedimente im Zwickauer Raum fast unmagnetisch sind. Melaphyrdecken haben ihre Verbreitung südöstlich von Zwickau, doch können sie nur lokale Störwerterhöhungen verursachen. Bei Lichtenstein zeigt sich eine größere herzynisch streichende Anomalie mit maximalen ΔZ-Werten über 100γ. Unter der Voraussetzung einer homogenen Magnetisierung ergaben sich nach VEJNBERG (1961) eine Oberkante des Störkörpers von 1475 m und eine Poltiefe von 1750 m. Wenn eine Antiklinale mit doppelter Mächtigkeit als Oberkantentiefe und einem Neigungswinkel der Flanken von 22^g angenommen wird, ist nach WATSON (1952) eine Suszeptibilität von $3700 \cdot 10^{-6}$ zur Erzeugung der maximalen Störhöhe erforderlich. Die benachbarten Bohrungen südlich der Lichtensteiner Anomalie, die phyllitische Schiefer in 1100—1200 m antrafen, lassen in Zusammenhang mit den durchgeführten Berechnungen die magnetische Störursache im kristallinen Grundgebirge vermuten. Beim Vergleich der magnetischen Untersuchungen mit den regionalen Gravimetermessungen im Westerzgebirge (GROSSE, KOPF & SONNTAG 1961) zeigt besonders die U_{zzz}-Karte nach ELKINS die Umgrenzung der einzelnen Granitmassive und kann für vergleichende Betrachtungen herangezogen werden. Deutlich ausgeprägt ist dabei die gute Übereinstimmung beider Meßmethoden im Gebiet des Eibenstocker und Kirchberger Granits.

Zusammenfassung

Die regionalmagnetische Vermessung von Ostthüringen — Vogtland — Westerzgebirge mit relativ großer Stationsdichte ermöglichte eine Untergliederung in geologische Einheiten und vervollständigte die magnetische Karte der DDR. Obwohl wegen ihrer Vielzahl auf die Interpretation jeder einzelnen kleinen magnetischen Störung verzichtet werden mußte, konnten für einzelne Anomaliengruppen Angaben über die Ursache gemacht werden. Hinweise über die gesteinsmäßige Zusammensetzung der Störkörper ergeben sich aus umfangreichen Suszeptibilitätsuntersuchungen in Aufschlüssen und an Bohrkernen. Das magnetische Meßbild entspricht im wesentlichen den oberflächennahen geologischen Verhältnissen und zeigt Übereinstimmung mit den Schweremessungen.

Резюме

Региональное магнитометрическое измерение Восточной Тюрингии—Фогтланда—Западных Рудных Гор с относительно густой сетью точек измерения позволяло расчленение на геологические единицы и дополняло магнитную карту ГДР. Хотя надо было отказаться от интерпретации всех отдельных мелких магнитных аномалий, возможно было дать указание на их причины для отдельных групп аномалий. Указания состава пород возмущающих тел получены из обширных исследований магнитной восприимчивости в обнажениях и по буровым кернам. Магнитная фотограмма соответствует в основном близповерхностным геологическим условиям и показывает совпадение с гравиметрическими измерениями.

Summary

The regional-magnetic survey of East Thuringia — Vogtland — West Erzgebirge with a relatively large density of stations enabled a subdivision into geological units and completed the magnetic map of the G. D. R. Although an interpretation of each individual small magnetic disturbance had to be abandoned because of their great number, the reasons could be given for individual groups of anomalies. Informations about the rock composition of the disturbing bodies were obtained by comprehensive susceptibility studies made in exposures and cores. The magnetic diagram substantially corresponds to geological conditions near the surface and agrees with the gravity determinations.

Literatur

FISCHER, H.: Abschlußbericht über geomagnetische Untersuchungen im Gebiet Görkwitz. — Arch. VEB Geophysik, Leipzig 1954, unveröff.

— Abschlußbericht über geomagnetische Untersuchungen im Gebiet Schleiz — Agnesfeld (Löhma — Rödersdorf). — Arch. VEB Geophysik, Leipzig 1954, unveröff.

FISCHER, H., & M. LEHMANN: Abschußbericht über erdmagnetische Untersuchungen im Gebiet Pörmitz-S., Pörmitz-N., Zipfelteich bei Schleiz. — Arch. VEB Geophysik, Leipzig 1956, unveröff.

Zeitschrift für angewandte Geologie, Bd. 10 (1964) Heft 12

FRANZ, P.: Erdmagnetische und petromagnetische Untersuchungen im südwestlichen Teil des Schwarzburger Sattels und im Südwestthüringisch-Fränkischen Triasland als Beitrag zur Deutung regionaler magnetischer Anomalien. – Geophysik und Geologie, F. 2 (1960).

GROSSE, S., M. KOPF & K. SONNTAG: Ergebnisse der Gravimetermessungen im Westerzgebirge. – Freiberger Forsch.-H., C 110 (1961).

HALLBAUER, D.: Die akzessorischen Schwermineralc der Westerzgebirgischen Granite – Dipl.-Arbeit, Bergakademie Freiberg 1957, unveröff.

HERTWIG, G.: Abschlußbericht über gravimetrische Untersuchungen im Gebiet Vogtland. – Arch. VEB Geophysik, Leipzig 1955, unveröff.

KOSSMAT, F.: Die Zonengliederung des varistischen Gebirgsbaues. – Abh. sächs. geol. Landesamtes, H. 1 (1927).

LAUTERBACH, R., & M. LEHMANN: Bericht über die geomagnetischen Untersuchungen im Gebiet Görkwitz – Pörmitz – Öttersdorf – Rödersdorf nördl. von Schleiz. – Arch. VEB Geophysik, Leipzig 1951, unveröff.

MAZÁČ, O., & L. POKORNÝ: Die geophysikalische Erforschung des Beckens von Cheb (Eger). – Sborník Prací Ústavu Užite Geofyziky 1962 (tschech.).

PESCHEL, G.: Untersuchungen über die Beziehung zwischen den Suszeptibilitäten von Gesteinshandstücken und den Ablenkungswerten an Feldwaagen. – Archiv VEB Geophysik, Leipzig 1959, unveröff.

REICH, H.: Grundlagen der angewandten Geophysik für Geologen. – Akad. Verl.-Ges. Geest u. Portig, Leipzig 1960.

STILLE, H.: Das mitteleuropäische varistische Grundgebirge im Bilde des gesamteuropäischen. – Beil. zum Geol. Jb. 2 (1947).

VEJNBERG, A. K.: Graphisches Verfahren zur Tiefenbestimmung magnetisierter Körper. – Isw. Akad. Nauk SSSR, Ser. geof., H. 1, Moskau 1961 (russ.).

WATSON, R. J.: Chart to estimate magnitude of magnetic anomalies. – Geophysics, 17 (1952).

WATZNAUER, A.: Die erzgebirgischen Granitintrusionen. – Geologie, 3, 6/7, S. 688–706, Berlin 1954.

Jodobrom-Tiefenwässer des Ostrava–Karvináer Reviers und die Perspektiven ihrer ökonomischen Verwertung[1]

BOHUMIL ŘEZÁČ, Prag

Die mineralischen Tiefenwässer im Ostravaer Neogen werden bereits seit mehreren Jahren von zahlreichen Stellen untersucht (Kohlenerkundung Ostrava, Bergbauhochschule Ostrava, OKR-Werk für Entgasung und Entwässerung, Geologische Erkundung Praha). In jüngster Zeit begann man im Zentralen Geologischen Institut über das Thema „Gesetzmäßigkeiten des Vorkommens mineralischer Wässer in Beziehung zur Gewinnung mineralischer Rohstoffe" mit der systematischen Erforschung der Jodobromwässer. Zu dieser Aufgabe gehören Studium und Auswertung der sehr umfangreichen Literatur, um die auseinandergehenden Theorien und Ansichten über einzelne Probleme auf einen Nenner zu bringen. Daneben wird eine geologische Stellungnahme für die Verlagerung des Bades Darkov vorbereitet, das durch Unterbauung gefährdet ist und an einer klimatisch ungünstigen Stelle errichtet worden war. Zweck dieser Arbeit ist das Aufsuchen eines neuen Standorts und die rationellere balneologische und industrielle Verwertung der Reste der Jodobromwässer im Ostravaer Gebiet.

Verf. führt vor allem einige Gesetzmäßigkeiten an, die für die Jodobrom-Tiefenwässer allgemein und für den speziellen Typ der Wässer im OKR im besonderen Gültigkeit besitzen.

Ein bei der Bildung des Erdöls anfallendes Nebenprodukt ist Wasser. Die mineralischen Stoffe aus den zersetzten Organismen gehen in die Wässer über, die einen etwas anderen Charakter als Meerwässer annehmen. Bitumenwässer können ursprüngliche Salzwässer, Brackwässer oder Süßwässer sein (ein unverändert primärer, fossiler Zustand ist nur möglich, soweit es sich um die ursprüngliche geologische Position der Wässer handelt, keineswegs aber im hydrogeochemischen Sinne).

Als Folge der Migration des flüssigen Stoffs der Organismen in Schichten, in die mit dem Bitumen durch die Wirkung tektonischer Einflüsse auch Wässer gedrückt werden, kommt es zur Metamorphose der Bitumenwässer.

Die Prozesse der Metamorphose sind niemals abgeschlossen, ihre Entwicklung schreitet ständig fort. Die Intensität der Umwandlung hängt von den geologischen und tektonischen Verhältnissen ab, ferner von der Ablagerungsart und Tiefe der abgesetzten wasserführenden Horizonte. Deshalb unterliegt auch der chemische Charakter der Wässer Veränderungen und ist unbeständig (JANÁČEK, DLABAČ, ŠIMÁNEK).

[1]) Eingang des Manuskripts in der Redaktion: 28. 11. 1963

Im folgenden wird eine kurze Übersicht über Genese und Charakteristik der wichtigsten Wassertypen gegeben:

a) Wässer vom Natriumbikarbonattyp entstanden im Milieu von Meeresablagerungen durch die Umwandlung einfachen Kalziumbikarbonatwassers (Grundwassers) bei der Infiltration.

b) Wässer vom Natriumsulfattyp entstehen durch das Einsickern einer $CaSO_4$-Lösung in das Wasser.

c) Salzwässer des Kalziumchloridtyps (bzw. des Magnesiumchloridtyps) haben die höchste Mineralisierung und Labilität — sie gehen leicht in den Natriumkarbonattyp über (ZÝKA, ŠIMÁNEK).

Ein charakteristisches Merkmal des genetischen Zusammenhangs der Wässer und der Bitumina ist der Koeffizient Cl′:Br′. Bei Laugenwässern von Salzlagerstätten beträgt dieser Quotient meist über 1000, bei Erdölwässern unter 292. Das Verhältnis SO_4'':Cl′ weist auf Desulfatisierungsprozesse hin, die das Wasser durchgemacht hat. Das Verhältnis CO_3'':Cl′ zeigt den Anteil der Karbonate und Chloride an und charakterisiert das Maß der Auslaugung.

Jod ist ein bedeutendes biogenes Element der Bitumenwässer. Die Jodgehalte in den Tiefenwässern des OKR schwanken zwischen 3 und 75 mg/l. Jod nimmt mit der Mineralisierung der Wässer und mit der Konzentration der Chloride zu, die Zunahme mit der Tiefe ist jedoch nicht allgemeingültig. Der Jodgehalt erleichtert die Bestimmung der genetischen Zugehörigkeit der Wässer zu den Bitumenwässern oder zu den Meerwässern. Jod ist ein balneologisch wertvolles Element.

Brom ist ein organogenes Element, das in Tiefenwässern regelmäßig, aber in schwankenden Mengen vorhanden ist. Es unterliegt keinen Umwandlungsprozessen wie andere Kationen, daher kann auch das Verhältnis Cl′:Br′ die obenerwähnte bestimmende Bedeutung besitzen.

Jod und Brom gaben einigen Wässern die balneologische Bezeichnung „Jodobromwässer". Jodobromwasser ist jedoch vom hydrochemischen Gesichtspunkt weder ein genauer noch ein zweckmäßiger Begriff.

Problematik der Jodobromwässer im Ostravaer Gebiet

Die Untertortondecke wird im Gebiet Ostrava an der Basis von psephitischen und psammitischen Sedimenten und in den höheren Schichten überwiegend von Peliten gebildet. Die fossil verwitterte Oberfläche des Karbons ist im Liegenden der subschlesischen Decke stellenweise von Erdgaslagerstätten mit Austritten stark mineralisierter Wässer des Kalziumchloridtyps mit einem hohen Gehalt an J und Br begleitet. Eine Analogie zu diesen Wässern sind auch die Tiefenwässer der basalen miozänen klastischen Gesteine (Detritus) und die Wässer der durchlässigeren sandig-tonigen Lagen in den höheren Teilen des Tortons (Darkovtyp). Hier zeigt sich also nirgends eine Abhängigkeit des Wassertyps von der stratigraphischen Position, die Wässer sind genetisch einheitlich. Nach dem Koeffizienten Cl′:Br′ (bis 200 bei allen Wässern) und nach den hohen Jodgehalten handelt es sich um metamorphosierte Wässer bituminösen Ursprungs (HOMOLA, HYNIE & MYSLIL, JANÁČEK, ZÝKA), und keinesfalls um Salzablaugungswässer (einige Ansichten von ŠUSTA, SCHINDLER, JIRKOVSKÝ). Der Umwandlungsgrad hängt von der jeweiligen geologischen Situation des betreffenden Wasserhorizonts ab.

Die Wässer im Detritus sind subartesisch gespannt und erreichen ihr piezometrisches Niveau bei etwa 270 — 200 m unter der Oberfläche. Die hydrochemischen und hydraulischen Beweise (unterschiedliche statische Wasserspiegel der Horizonte unter dem Detritus) zeugen von einer schlechten Kommunikation der Detrituswässer mit der Oberfläche. Im Hangenden des Detritus, in den Tortonmergeln, finden sich eine Reihe wasserführender Horizonte in feinen Sandmergeln und Sanden. Die Jodgehalte nehmen ebenso wie die Mineralisierung mit der Tiefe zu. Der wichtigste und ergiebigste Horizont (Mächtigkeit 2—3 m) ist im Ostteil des OKR in Tiefen von 300—400 m unter der Oberfläche verbreitet. Die übrigen haben eine geringere Mächtigkeit und Linsencharakter. In hydrochemischer Hinsicht enthält der mittlere und der östliche Teil des OKR im Detritus mittelstark mineralisierte (7—30 g/l) Wässer, in den sandig-tonigen Horizonten des Hangenden hingegen Wässer mit stärkerer Mineralisierung (bis 60 g/l). Es handelt sich um Wässer des Kalziumchloridtyps mit hohen Gehalten an J und Br. Im westlichen Teil des OKR kommt es zum Eindringen von CO_2 in die Wässer und im Oxydationsmilieu zur Umwandlung zu Natriumbikarbonatwässern mit einer Mineralisierung um 8 bis 10 g/l und mit geringeren Jodgehalten (MICHÁLEK).

Mit der Frage einer möglichen Kommunikation mit der Oberfläche hängt die nach dem Ursprung der Detrituswässer zusammen. HOMOLA hält das Wasser im Detritus für synsedimentäres reliktes Wasser, das immer mit Wasser biogenen Ursprungs vermischt ist und eine Metamorphose erlitten hat.

Das Interesse an der Steigerung der Kohlenförderung und das der Balneologen stießen bezüglich der Forderung nach der Festlegung einer Schutzzone für das Bad Darkov aufeinander. Hierzu müssen einige charakteristische Kennziffern angeführt werden.

In Bad Darkov und in der unmittelbaren Nähe gibt es zur Zeit 9 Objekte mit Mineralwasser: die Quellen Olivie, Vilemína, Helena, Nový vrt, Jan I, Jan II und die Bohrungen NP 78, Cf 6 und Cf 8. Nach anfänglichem aktivem Überlauf aus allen Brunnen sank der Wasserspiegel, und heute wird das Wasser aus Tiefen von 20—50 m unter der Flur gepumpt. Insgesamt werden 80 l/min Jodobromwasser entnommen, außerdem werden den Bädern 400 m³ verdünntes Jodobromwasser monatlich aus dem Schacht Mír IV zugeleitet.

In den Gruben Gottwald I und Gottwald III werden Jodobromwässer verdampft und täglich 700—800 kg Jodobromsalz produziert.

Ein wichtiges Problem ist die Ermittlung des möglichen Einflusses der Unterbauung auf die Verhältnisse der Darkover Jodobromwässer. HOMOLA legt ausführlich dar, daß es in den undurchlässigen Tortonmergeln bei eintretenden Senkungen nur zu kontinuierlichen Schichtsenkungen ohne die Bildung von offenen Spalten komme, durch die es zur Verbindung der verschiedenen wasserführenden Horizonte kommen könnte. Diese Senkungsbewegungen können auch nicht zur Reduktion oder zur Störung des Zusammenhangs der wasserführenden Schichten (sandigen Tone) führen. Zu der Ansicht, daß durch die Unterbauung die eigentlichen Quellen der Jodobromwässer nicht gefährdet werden, neigen z. T. auch HYNIE & MYSLIL. Sie nehmen an, daß die Horizonte der stark mineralisierten Wässer unberührt bleiben. B. ŘEZÁČ schlug vorläufige Schutzzonen für Darkov vor, indem er auf die Gefahr des Zulaufs einfacher Süßwässer oder Salzwässer mit niedrigerer Konzentration von Jod und Brom durch Überdruck nach den Stellen hinweist, wo in unwirtschaftlicher Weise große Mengen der Darkover Wässer abgepumpt werden. Er ist der Meinung, daß der hydrostatische Überdruck der oberflächennahen Kalziumbikarbonatwässer ein hydraulisches Gefälle zu den wasserführenden Sandeinlagerungen im Miozän verursacht und daß infolge der völligen Ausbeutung der Jodobromsalzsolen ein Absinken des Gehalts an J und Br in den Wässern und eine allmähliche Veränderung der Wässer eintreten können. Wie hydrochemisch bewiesen werden kann, ist kein Horizont der höher gelegenen geologischen Position vollständig verfestigt und abgeschlossen. Er empfiehlt vor allem das Verbot von Bohrungen über 60 m Tiefe in der engeren Schutzzone von Darkov, wodurch es zu einer unerwünschten Verteilung (Streuung) oder auch zur Veränderung der Austrittswege einiger Quellen kommen könnte. Auch in der äußeren Schutzzone wäre es erforderlich, beim Erbohren von Jodobromwässern deren unwirtschaftlichen Austritt und eine Verbindung mit den übrigen wasserführenden Horizonten zu verhindern, um eine Veränderung der Reserven der natürlichen Heilquellen von Bad Darkov zu verhindern. Die Horizonte der Jodobromwässer in den Bohrlöchern müssen durch eine vollendete Abdichtung vom Hangenden und vom Liegenden getrennt werden, ferner ist für ein vollständiges Auffangen der zu gewinnenden Jodobromwässer zu sorgen. Falls es seitens der Kohlenförderung nicht möglich sein sollte, die Forderungen hinsichtlich der vorgeschlagenen Schutzmaßnahmen zu erfüllen, müßten Maßnahmen zum Auffinden neuer gleichwertiger Jodobromwasserquellen getroffen werden, wobei deren Verbreitung und Qualität durch Spezialerkundung vorher überzeugend nachzuweisen wäre.

Die gegenwärtige Situation berechtigt zu folgenden zusammenfassenden Schlußfolgerungen:

1. Es ist erforderlich, das bisherige Bad Darkov für den regionalen Bedarf des Gebiets Ostrava zu belassen und auch eine Ausnutzung der Jodobromwasserüberreste aus den Schächten des OKR für Bäderzwecke in Erwägung zu ziehen.

2. Vor allen Dingen ist es notwendig, genügend ergiebige, chemisch qualitative und balneologisch wirksame Quellen der Jodobromwässer im weiteren Ostravaer Gebiet und in den Westbeskiden aufzusuchen (Oravská Polhora, Oščadnica).

Zeitschrift für angewandte Geologie, Bd. 10 (1964), Heft 12

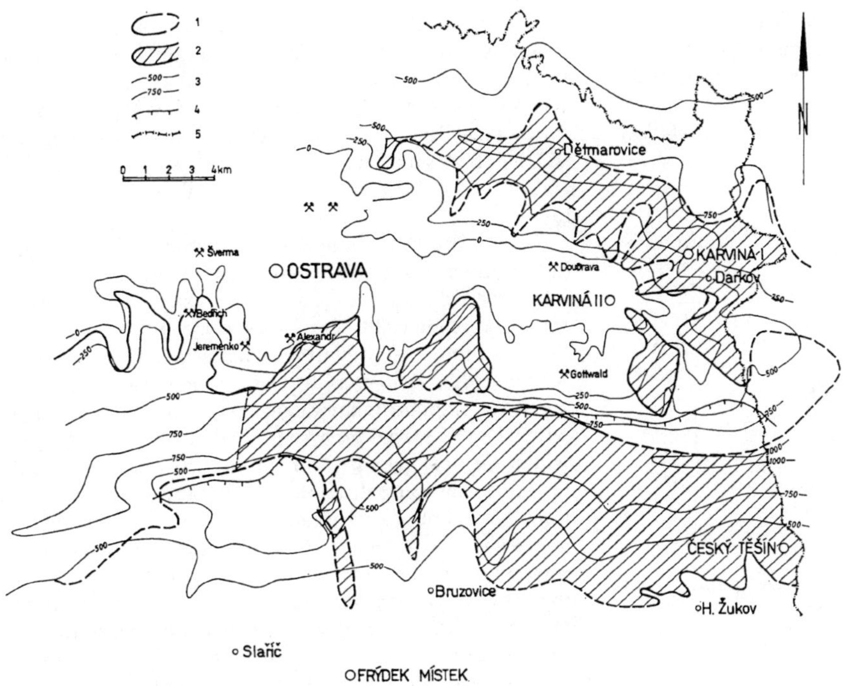

Abb. Verbreitung des Detritus und der Tiefenwässer im Ostrava—Karvináer Revier (nach JURKOVÁ)

1 — Verbreitung des Detritus, 2 — Umgrenzung der geschätzten Salzwasservorräte im Detritus, 3 — Isohypsen der Karbonoberfläche, 4 — Rand der Karpatendecken, 5 — Staatsgrenze

3. Im Gebiet Ostrava kann nicht mit den Verhältnissen von Stonava-Suchá gerechnet werden, wo durch Unterbauung eine analoge Situation wie in Darkov entsteht.

4. Die besten hydrogeologischen Voraussetzungen für die Gewinnung von Jodobromwasservorräten sind in den beiden Auswaschungen und bei größter Mächtigkeit des Miozäns gegeben. In der Dětmarovicer Auswaschung bestehen günstigere klimatische Bedingungen, man darf jedoch die Kohlenförderung in der Zukunft nicht ausschließen. Deshalb wurde die Bludovicer Auswaschung mit der größeren Mächtigkeit der Miozändecke gewählt, und zwar auf der Orlover Faltung, wo mit unproduktivem Karbon zu rechnen ist. Die Lokalität mußte so gewählt werden, daß die Bäderbelange mindestens für die Dauer von 120 Jahren nicht durch schädliche hydrogeologische Einflüsse gestört werden. Im Raum Šenov-Datyně in der Bludovicer Auswaschung wurde die neue Lokalität unter Berücksichtigung der Ergebnisse älterer Bohrungen in der Nachbarschaft vorgesehen. Die erste Bohrung NP 617 wird mit dem Ziel niedergebracht, die Unproduktivität des Karbons, die Mächtigkeit und Anzahl der wasserführenden Horizonte und die ausreichende Vorratsmenge sowie die entsprechende Qualität der Wässer zu überprüfen. Auf der Grundlage dieser Bohrergebnisse werden weitere 3—4 Flachbohrungen angelegt, welche das Wasser des Haupthorizonts erbohren sollen.

Eine notwendige Aufgabe der fortschreitenden Kohlenförderung im OKR ist die kontinuierliche Entgasung und Entwässerung der Detritusschichten, welche große Vorräte guter Kokskohle unter den Hauptauswaschungen und unter den Nebenauswaschungen blockieren. Die bisherige unsystematische Entwässerung durch Montanbaue genügt nicht mehr. Nach dem Abschluß der hydrogeologischen Erkundung der einzelnen Detritusgebiete wird es erforderlich sein, fortschreitend in Etappen mehrere hundert Millionen Kubikmeter Wasser abzupumpen. Mit der Entwässerung des Detritus hängt auch die Frage einer zweckmäßigen ökonomischen Verwertung der Tiefenwässer zusammen. Gegenwärtig werden von den Tertiärwässern z. T. die Wässer aus den höheren Sandschichten in der Umgebung von Darkov (Jodobromwässer) verwertet, zum anderen Teil die Wässer aus der Grube Gottwald in Horní Suchá, und zwar zur Gewinnung des Darkover Jodobromsalzes durch Verdampfung. Heute geht es jedoch um die Perspektive der Verwertung des Mineralgehalts jener stark mineralisierten fossilen Salzwässer der basalen klastischen Gesteine des Miozäns. Ebenso geht es im Bereich des ganzen Reviers um die Entgasung und Demineralisierung der Tiefenwässer sowie um ihre Aufbereitung zu Trinkwasser oder wenigstens zu Brauchwasser.

Die Vorräte an Kalziumchloridtiefenwässern (Solen) im Detritus des OKR und die Notwendigkeit ihres beschleunigten Abpumpens in den nächsten Jahrzehnten stellten die tschechoslowakische Volkswirtschaft vor zwei ökonomische Hauptprobleme:

1. Wie ist eine weitere Verunreinigung des Wassers in der Oder und der damit verbundene Verlust mineralischer Rohstoffe zu verhindern?

2. Wie sind die Solen zweckmäßig zu verwerten für a) die chemische Industrie, b) die Wasserwirtschaft, c) balneologische Zwecke?

Die Voraussetzung, von welcher diese Alternativen auszugehen haben, ist die Vorratsmenge der Solen im Detritus.

Auf der Grundlage des Umfangs der Gebiete, der festgestellten oder geschätzten Mächtigkeit und der durchschnittlichen Mächtigkeiten der basalen klastischen Gesteine aus dem Torton im Gebiet Ostrava konnte bereits eine Schätzung des Volumens dieser Ablagerungen in den Hauptauswaschungen und in einzelnen Nebenauswaschungen im OKR angegeben werden (JURKOVÁ). Als zweiter Grundwert zur Bestimmung der Solenvorräte wurden die durchschnittlichen effektiven Porositäten des Detrits ermittelt.

Die angeführten Volumina der klastischen Gesteine sind nur eine Schätzung; man kann vorläufig die basalen klastischen Gesteine noch nicht in Betracht ziehen, die z. B. auf dem Příbor—Tešíner Rücken und anderwärts in unmittelbarer Nähe der aufgeschobenen paläogenen und Kreidekomplexe abgelagert sind. Im Gegenteil muß man die Volumina des Detritus in Abzug bringen, der alkalische Natriumbikarbonatwässer enthält und westlich der Verbindungslinie vom Schacht „Alexander“ zur Bohrung NP 109 liegt. Außerdem konnten nur Durchschnittswerte der effektiven Porositäten aus zahlreichen Analysen von Proben repräsentativer Bohrungen der einzelnen Nebenauswaschungen bestimmt werden. Daher kann auch die daraus resultierende Berechnung der Gesamtsolevorräte nur als eine Schätzung betrachtet werden, die hinsichtlich ihrer Genauigkeit Prognosevorräten nahekommt.

Nachstehend folgt eine Übersicht der ermittelten Werte:

	Volumen in Mill. m³ (JURKOVÁ)	mittl. eff. Porosität (Auswertung d. Anal.-Dat. Kohlenerkundung Ostrava) in %	Schätzung der Wasservorräte in Mill. m³
Auswaschung			
Polanka	349,60+	14,8	51,741+
Svinov	212,50+	8,6	18,275+
Zábřeh	387,60+	13,8	53,489+
Radvanice	506,00	12,5	63,250
Petřvald	432,50	12,5	54,062
Stonava	340,00	11,8	40,120
Fryštát	164,00	6,5	10,660
Darkov	118,60	9,4	11,149
Dětmarovice	1567,50	8,9	139,507
Bludovice	12101,00+	11,5	1391,615+
	16179,30		1833,447

In den Auswaschungen Polanka, Svinov, Zábřeh und im westlichen Teil der Bludovicer Hauptauswaschung sind allerdings bereits durchgaste kohlensäurehaltige Natriumbikarbonatwässer vertreten, keinesfalls aber Wässer des Kalziumchloridtyps. Deshalb verringert sich die Schätzung des Solevorrats um die entsprechenden Mengen. Die endgültige Schätzung der Solemengen sieht folgendermaßen aus:

	Volumen in Mill. m³	mittl. eff. Porosität	Schätzung der Wasservorräte in Mill. m³
Auswaschung			
Radvanice	506,00	12,5	63,250
Petřvald	432,50	12,5	54,062
Stonava	340,00	11,8	40,120
Fryštát	164,00	6,5	10,660
Darkov	118,60	9,4	11,149
Dětmarovice	1567,50	8,9	139,507
Bludovice	8490,00	11,5	976,350
	11618,60		1295,098

Die Bestimmung des Gesamtsalzgehalts dieser Wässer kann allerdings nur eine sehr grobe Schätzung sein. Das unregelmäßige Netz der Förderbohrungen bietet keine Möglichkeit zur Bestimmung eines sicheren Durchschnittswerts der gesamten Mineralisierung für das ganze Gebiet. Eine hinsichtlich der Größenordnung richtige Schätzung für beide Hauptauswaschungen ist die Mineralisierung der Kalziumchloridwässer des Detritus mit 20 g/l, was für die geschätzte Solemenge von 1295 Mill. m³ Vorräte von beinahe 26 Mill. Tonnen Salz ergäbe. Die Jodgehalte schwanken unregelmäßig (obwohl sich eine gewisse Proportionalität zur Auswaschungstiefe und zur Tiefe des wasserführenden Horizonts zeigt).

Die Schätzungen für das OKR geben an, daß in den nächsten 30 Jahren etwa 150 Mill. m³ Sole abgepumpt werden. Es handelt sich jedoch hierbei auch um die Natriumbikarbonatwässer aus dem westlichen Teil der Bludovicer Auswaschung. Wenn wir daher nur eine minimale durchschnittliche Mineralisierung aller abgepumpten Wässer von 15 g/l in Erwägung ziehen, dann entspricht die gesamte abgepumpte Wassermenge etwa 2,25 Mill. t Salz. Die Menge von 150 Mill. m³ Sole würde eine Verwertung von durchschnittlich 5 Mill. m³ jährlich bedeuten, mit anderen Worten, einen durchschnittlichen Jahresverbrauch an Wasser von etwa 158 l/s.

Es tritt die Frage auf, ob nicht eine ungleichmäßige Entnahme von Detrituswässern im östlichen und westlichen Teil der Bludovicer Auswaschung das hydraulische Gleichgewicht des wasserführenden Horizonts stören könnte. Die heutige ziemlich scharfe Grenze zwischen den Gebieten der Kalziumchloridwässer und der Natriumbikarbonatwässer zeugt von der lokalen pelitischen Entwicklung der Sedimente, welche die beiden Gebiete trennt. Man kann also annehmen, daß das langsame Fortschreiten der allmählichen Austrocknung des Detritus auch einen allmählichen Ausgleich der gesenkten Wasserspiegel bewirkt, wobei es nicht zum Wasserzulauf aus dem Bereich der alkalischen Säuerlinge in das Gebiet der konzentrierten Solen im mittleren und östlichen Teil des Beckens kommen sollte, der die Konzentration der Salze ungünstig beeinflussen könnte. Als allgemeingültig wird heute bereits die Ansicht bezüglich der völligen Abgeschlossenheit des wasserführenden Horizonts im Detritus gegenüber den Oberflächenwässern anerkannt. Diese Ansicht wird durch hydrochemische und hydraulische Beweise unterstützt (unterschiedliche statische Wasserspiegel in den Horizonten über dem Detritus). Hier gilt allerdings auch die Tatsache, daß kein noch so abgeschlossener wasserführender Horizont in höher gelegener geologischer Position vollständig verfestigt und ganz in sich abgeschlossen ist. Das betrifft allerdings speziell die sandigtonigen Schichten von Darkov, und weil das Entwässern des Detritushorizonts allen Voraussetzungen nach intensiver fortschreiten wird als die Entwässerung der sandigtonigen Schichten des Hangenden, wird es zu keinem Ansteigen des hydrostatischen Überdrucks zwischen der Oberfläche und dem Detrit kommen, was auf die Qualität der Sole in der für die Förderung der Wässer aktuellen Periode sowie bezüglich der Verwertung ihrer Mineralsalze einen ungünstigen Einfluß haben könnte.

Nach dem Urteil einer Fachkommission gibt es bereits jetzt die Möglichkeit einer wirtschaftlichen Gewinnung von Jod und Brom aus den Tiefenwässern des OKR auf Grund einer vom Institut für mineralische Rohstoffe in Kutná Hora entwickelten Methode. Für eine Jahresproduktion von 5 Tonnen Jod ist eine Entnahme von etwa 12 l/s Sole mit einem Durchschnittsgehalt von 15 mg/l erforderlich. Bei einem durchschnittlichen Jahresverbrauch von 80—100 l/s Sole (Kalziumchloridsole) aus dem Detritus — was die reale Menge darstellt, die zur Verfügung stehen soll — (die balneologischen Interessen beziehen sich vor allem auf die Wässer aus den sandig-tonigen Schichten des Hangenden) bedeutet das also, daß es möglich wäre, durch die Jodseparation aus den Detritussolen im östlichen Teil des OKR die Produktion einer relativ großen Jodmenge sicherzustellen.

Auf jeden Fall ist es unbedingt erforderlich, die drohende Gefahr abzuwenden, die genannten großen Solemengen außerhalb des Gebiets der ČSSR ableiten und noch dafür bezahlen zu müssen. Wie aus den vorausgegangenen Angaben hervorgeht, ist die Sole aus dem Detritus des OKR ein sehr wertvoller mineralischer Rohstoff, dessen Verwertung komplex bewertet werden muß, weil allein durch die Verwertung des Jods oder des Broms das Problem der Wasserableitung oder der Ableitung der Konzentrate nicht gelöst würde. Diese Salze können nicht gelagert werden, müssen daher kontinuierlich mit dem Abpumpen der Wässer verwertet werden. Es geht also vor allem neben der Gewinnung von Brauch- und Trinkwasser durch Demineralisierung auf einen Höchstwert von 0,5 g/l um die Verwertung z. B. des Magnesiums und insbesondere auch der Chloride, vor allem des Natriumchlorids.

Zusammenfassung

Verf. definiert die Jodobromtiefenwässer und untersucht die geologischen Grundlagen ihres Auftretens im Gebiet von Ostrava—Karviná. Des weiteren geht er auf ihren Wert als Träger der volkswirtschaftlich wertvollen Rohstoffe Jod und Brom ein und erörtert ihre ökonomischen Perspektiven.

Резюме

Автор определяет глубинные иодо-бромовые воды и анализирует геологические основы их проявления в области Острава—Карвина. В дальнейшем он останавливается на их значении как носителя народно-хозяйственно-ценного сырья иод и бром и обсуждает их экономические перспективы.

Summary

The author defines the iodobromine deep waters and investigates the geological principles of their occurrence in the Ostrava—Karviná district. Their value as a carrier of the economically precious raw materials iodine and bromine as well as their economic perspectives are also discussed.

Literatur

CICHA, I.: Beitrag zum Erkennen des Alters und Ursprunges der basalen klastischen Gesteine aus dem Miozän im Ostravaer Gebiet. — Věstník ÚÚG (Mitteilungsblatt des Zentr. Geol. Inst., XXXIII, 386—388, Praha 1958.

DLABAČ, J.: Geologische Einschätzung der Erdölforschung und Korrelation der Erdöle und Wässer im Gebiet des inneralpinen Wiener Beckens. — Manuskript 1956.

FIDES, J.: Probleme der hydrogeologischen Erkundung des Ostrava—Karvináer Reviers. — Uhlí, VI, 187—192, Praha 1956.

HOMOLA, V.: Hydrogeologische Beurteilung der Darkover Jodobromwässer, ihrer Vorräte und der Gefährdung durch eventuelle Unterbauung. — Manuskript, 28 Seiten, Geofonds, Praha 1958.

— Beitrag zur Hydrogeologie und zum Gasgehalt des Teiles des OKR am Rande der Beskiden. — Sammelband der Arbeiten über die Geologie des OKR, 153—172, VŠB (Bergbauhochschule), Ostrava 1959.

HYNIE, O.: Hydrogeologische Unterlagen für die Versorgung des Gebietes Ostrava mit Wasser. — Paliva a voda (Brennstoffe und Wasser), XXIX, 214—218, Praha 1949.

HYNIE, O., & V. MYSLIL: Hydrogeologische Unterlage für das Bäderstatut des Bades Darkov. — Manuskript, 13 Seiten, Archiv des Kombinates OKR, Ostrava 1955.

JANÁČEK, J.: Bemerkungen zur Hydrogeologie der Tiefenwässer unserer jungen Becken. — Geologické práce GÚDŠ, Zpravy 15 (Geologische Arbeiten des Geol. Inst. Dionýs Štúr, Berichte 15) (1959).

JIRKOVSKÝ, R.: Die Mineralquellen in Schlesien. — Schles. Studien-Institut in Opava 1953.

JURKOVÁ, A.: Das Relief des Karbons und des Detritus im OKR. — PSOK XVI, 261—269, Opava 1955.

— Neue Erkenntnisse über die Morphologie des Karbons und der klastischen Gesteine aus dem Miozän sowie der basalen klastischen Gesteine in Abhängigkeit von der tektonischen Entwicklung des Gebietes Ostrava. — Sammelband der Arbeiten von der Konferenz über die Geologie des OKR, 173—178, VŠB (Bergbauhochschule), Ostrava 1959.

— Das Relief des Karbons und die Vorkommen basaler klastischer Gesteine aus dem Miozän im OKR. — Přírodovědný časopis slezský (Schles. naturwiss. Z.), XXII (1961—1963).

KREJCI-GRAF, K.: Genetische Einteilung der Gellagerstätten. — Kali 28/1, 7, Halle 1934.

MICHALÍČEK, M.: Geochemie der Tiefenwässer. Schlußfolgerung. — Bericht für das Jahr 1956 (Manuskript).

MICHÁLEK, R., & L. PEXA: Beitrag zum Erkennen der Tiefenwässer des östlichen Teiles des OKR. — Přírodovědný časopis slezský (Schles. naturwiss. Z.), XX, 219—224, Opava 1959.

PIŠTA, J.: Darstellung der Hydrogeologie der Tiefenwässer im OKR. — Geol. Inform. für die Mitarbeiter im OKR, I, 1—34, Ostrava 1958.

— Erkundung der Entwässerung und Entgasung der basalen klastischen Gesteine aus dem Miozän im OKR. — Sammelband der Arbeiten von der Konferenz über die Geologie des OKR, 201—205, VŠB (Bergbauhochschule), Ostrava 1959.

ŘEZÁČ, B.: Begründungsbericht zum Vorschlag der Schaffung einer inneren und einer äußeren Schutzzone für das Bad Darkov. — Manuskript, Geofonds, Praha 1959.

RŮŽIČKA, B.: Bericht über die Jodobromhorizonte in Raj im Gebiet Darkov. — PSOK, XV, 170—171, Opava 1954.

SCHINDLER, A.: Hydrogeologie des OKR. — 84 Seiten, Ostrava 1935.

ŠIMÁNEK, V.: Tiefenwässer des tschechoslowakischen Teiles des Wiener Beckens. — (1958).

ŠUSTA, V.: Einschätzung zur Frage der Darkover Jodquellen. — Manuskript, 24 Seiten, Archiv des Kombinates OKR, Ostrava 1931.

ZÝKA, V.: Beitrag zur Hydrochemie Mährens und Schlesiens. — PSOK, XVII, 581—592, Opava 1956.

Sammelband der Arbeiten über Detritus. — 93 Seiten. Staatsbibliothek, Ostrava 1956.

Über Borminerale und Scheelit im Skarn von Pöhla (Erzgebirge)[1]

LUDWIG GALILÄER, GÜNTER HÖSEL, Freiberg, & G. M. UTECHIN, Leningrad

(Mitteilung Nr. 180 aus dem VEB Geologische Erkundung Süd, Freiberg/Sa.)

1. Einleitung

Im Schacht Pöhla (Krs. Schwarzenberg) wurden von 1961 bis 1963 bergmännische Erkundungsarbeiten auf Magnetitskarne durchgeführt. Dabei wurden mehrere Skarnlager aufgeschlossen, die unterschiedlich mächtig und verschiedenartig ausgebildet sind. In den Lagern sind verschiedene Skarntypen festgestellt worden, wobei Pyroxen- und Pyroxen-Granat-Skarne vorherrschen. Sie können in stark wechselnder Menge Magnetit führen und gehen bei größerem Magnetitanteil in ausgesprochene Magnetitskarne über. In den Lagern können im Streichen und Fallen die Skarne durch körnigen Dolomit vertreten werden, wobei fast stets unregelmäßige, aber scharfe Grenzen vorhanden sind.

Das Grubengebiet von Pöhla wird in 100 bis 300 m Teufe von einem großen granitischen Körper unterlagert. Der Granit entspricht im Struktur- und Mineralbestand dem grobkörnigen, z. T. porphyrartigen Turmalingranit des Eibenstocker Massivs.

2. Borminerale

Im Verlauf der Erkundung im Schacht Pöhla wurden erstmals im April 1962 radialstrahlige Pseudomorphosen von Hämatit und Ascharit $MgHBO_3$ nach Ludwigit $(Mg, Fe)_2 Fe^{'''} (BO_3/O_2)$ gefunden. Die erste Deutung der zunächst unklaren Pseudomorphosen gab Prof. KORSHINSKI anläßlich eines Besuchs in Freiberg Ende Mai 1962.

Späterhin wurde das Auftreten auch größerer Mengen nichtumgewandelten, frischen Ludwigits festgestellt. Er bildet seidig glänzende, schwarze, stets faserig-strahlige Aggregate mit max. 3 cm Faserlänge. Seine Identität wurde sowohl erzmikroskopisch im VEB Geologische Erkundung Süd, Freiberg, und röntgenographisch im Institut für Mineralogie und Lagerstättenlehre der

[1]) Eingang des Manuskripts in der Redaktion: 1. 6. 1964

Bergakademie Freiberg wie auch durch eine chemische Analyse und eine röntgenographische Bestimmung im IGEM der Akademie der Wissenschaften der UdSSR in Moskau festgestellt.

In Tab. 1 und 2 wird die Analyse eines geringfügig verunreinigten Ludwigits aus Pöhla mitgeteilt.

Tabelle 1. Chemische Analyse eines Ludwigits aus Pöhla

SiO_2	1,80%
TiO_2	0,13%
Al_2O_3	1,56%
Fe_2O_3	35,05%
FeO	23,37%
MnO	0,69%
MgO	19,32%
CaO	0,29%
Na_2O	n. best.
K_2O	n. best.
H_2O-	n. festg.
H_2O+	2,90%
B_2O_3	14,59%
Insgesamt:	99,64%

Tabelle 2. Röntgenographische Analyse eines Ludwigits aus Pöhla

(Fe-Strahlung, 2 R = 57,3 mm, d = 0,6 mm)

N	I	d	N	I	d	N	I	d	N	I	d
1	3	8,16	18	7	2,18	35	4	1,625	52	1	1,183
2	4	7,45	19	3	2,15	36	1	1,606	53	6	1,162
3	4	6,10	20	3	2,10	37	5	1,594	54	3	1,143
4	4	5,67	21	6	2,06	38	7	1,543	55	1	1,131
5	3	5,47	22	5	2,00	39	4	1,532	56	1	1,123
6	7	5,15	23	1	1,974	40	7	1,507	57	3	1,105
7	2	3,06	24	6	1,932	41	8	1,482	58	5	1,092
8	3	3,01	25	4	1,884	42	1	1,452	59	6	1,086
9	4	2,93	26	1	1,859	43	1	1,418	60	1	1,071
10	6	2,84	27	5	1,785	44	7	1,385	61	1	1,064
11	4	2,77	28	1	1,756	45	6	1,316	62	4	1,051
12	10	2,56	29	1	–	46	2	1,300	63	5	1,043
13	2	2,44	30	1	–	47	6	1,285	64	9	1,023
14	3	2,40	31	1	–	48	1	1,264	65	1	1,017
15	4	2,33	32	1	–	49	3	1,254	66	1	–
16	2	2,88	33	1	–	50	3	1,215	67	1	–
17	2	2,22	34	1	–	51	1	1,198	68	8	0,999

Das spezifische Gewicht von Ludwigit beträgt 4,09 (g/cm^3). Die Zusammensetzung entspricht nach den Ergebnissen der röntgenometrischen Analyse auf der Grundlage der Diagramme von LEONARD (LEONARD, HILDEBRAND & VLISIDIS 1962) und BROWKIN (BROWKIN, ALEKSANDROW & NEKRASOWA 1963) annähernd je 50% Molekül $Mg_2Fe^{\cdots}$ (BO_3/O_2) und $Fe_2^{\cdot\cdot}$ $Fe^{\cdots}$ (BO_3/O_2). Diese Ergebnisse werden durch die chemische Analyse des Ludwigits bestätigt.

Der Ludwigit tritt ausschließlich in magnetitführenden Partien der Skarnlager auf. Über seine Genese besteht noch keine endgültige Klarheit, doch ist es wahrscheinlich, daß er aus den stets eine große Menge MgO enthaltenden Silikaten unter Zufuhr von Bor bzw. Borsäure zusammen mit Magnetit bei höheren Temperaturen entstanden ist.

In den eingangs erwähnten Pseudomorphosen bildet der Hämatit extrem nadelig-spießige Aggregate von 10 bis 15 cm Länge, die sich zu charakteristischen, divergentstrahligen Sonnen anordnen. Zwischen den Hämatitaggregaten befindet sich in stark wechselnder Menge sehr feinkörniger, kryptokristalliner Ascharit. An einer isolierten Probe des ziemlich reinen Minerals konnte im Institut für Mineralogie und Lagerstättenlehre der Bergakademie Freiberg und im Mineralogisch-Petrographischen Institut der Universität Jena, denen wir für diese Bestimmungen danken, röntgenographisch die Identität mit gesichertem Vergleichsmaterial bewiesen werden.

Die Pseudomorphosen sind an die Nähe bestimmter Gangzonen gebunden, in deren Wirkungsbereich das Skarnlager stets intensiv umgewandelt und zersetzt wurde. Die Umwandlungsprozesse wurden wahrscheinlich von epigenetischen Lösungen mit hohem Redoxpotential verursacht, die auf den Gangzonen zirkulierten.

Der Ludwigit einschließlich seiner Umwandlungsprodukte ist weit verbreitet. Die einzelnen Skarntypen weisen vielfach Borgehalte in der Größenordnung von 1% B_2O_3 auf. (Im Skarn konnten bisher andere Borminerale nicht festgestellt werden.) Öfters kommt es zu örtlichen Anreicherungen von Ludwigit. Sie erreichen in ganz seltenen Fällen Mächtigkeiten von ein bis zwei Meter bei Borgehalten von etwa 10% B_2O_3.

Das Auftreten von Ludwigit in den erzgebirgischen Skarnen war bisher nur von der „Grube St. Christoph" (Breitenbrunn, Krs. Schwarzenberg) von RAMDOHR (1960) und WOLF (1961) angegeben worden. WOLF bestimmte den Ludwigit lediglich erzmikroskopisch.

Neben Ludwigit und Ascharit tritt im Schacht Pöhla noch Turmalin auf, der in Quarz-Turmalin-Gängen vorkommt, wie sie besonders im westlichen Erzgebirge häufig sind. Diese Gänge konnten bisher nur an wenigen Stellen im Nebengestein der Skarnlager beobachtet werden.

3. Scheelit

Nachdem KURDJUKOW & FEIRER (1963) u. a. in den Skarngesteinen von Zobes größere Scheelitmengen feststellten, wurde dieses Mineral außerdem bei geologischen Untersuchungen in Tirpersdorf beobachtet. Nunmehr konnte Scheelit verbreitet auch im Schacht Pöhla nachgewiesen werden.

Der Pöhlaer Scheelit lumineszìert stets in sehr hellen, weißgelben bis weißbläulichen Farben. Spektralanalytisch wurde ein Molybdängehalt in der Größenordnung von 1% Mo gefunden. Zum Vergleich herangezogener Scheelit von einer Halde bei Zobes lumineszierte nur schwach bläulich und erwies sich spektralanalytisch als völlig molybdänfrei (Analytiker Dipl.-Min. K.-H. BERNSTEIN, VEB Geologische Erkundung Süd, Freiberg). Diese Beobachtungen bestätigen die von LIEBER (1957) beschriebenen Beziehungen zwischen den Molybdängehalten der Scheelite und ihren Lumineszenzfarben.

Im Schacht Pöhla tritt der Scheelit sowohl in magnetitreichen wie auch magnetitfreien, rein silikatischen Skarntypen auf, bevorzugt jedoch deutlich die letzteren, insbesondere Granatskarne. (Für das Auftreten von Wolframit im Magnetitskarn liegen keine Anzeichen vor.) Bemerkenswerterweise sind die Dolomitlager völlig frei von Scheelit. Öfters kommt er in enger räumlicher Nachbarschaft mit Ludwigit vor.

Zu einem großen Teil ist der Scheelit an die Nähe von NE–SW bis ENE–WSW streichenden Klüften im Skarn gebunden, während für den geringeren Teil eine Beziehung zu solchen Klüften nicht nachweisbar ist. Häufig bildet der Scheelit ausgeprägte Idioblasten, sie sind aber nicht die Regel. Die einzelnen Scheelitaggregate erreichen maximal Größen von 3 mal 3 bis 4 mal 4 cm im Anschnitt. Aus der beobachteten Bindung des Scheelits an Klüfte im Skarnlager und dem häufigen Auftreten von Idioblasten wird der Schluß gezogen, daß der Scheelit in Pöhla eine verhältnismäßig späte Bildung im Skarnlager darstellt und während einer wahrscheinlich pneumatolytisch-hydrothermalen Teilphase der verschiedenen skarnbildenden und -umbildenden Prozesse zugeführt wurde. Es muß mit einem alkalischen Charakter der scheelitbildenden Lösungen gerechnet werden, da Magnetit nicht zu Wolframit umgewandelt wurde und die Dolomitlager scheelitfrei sind.

Vor den Zobeser Funden war das Auftreten von Scheelit in Skarnen bisher nur von der „Gelbe-Birke-Fdgr." bei Waschleithe nordöstlich Schwarzenberg bekannt, wo er als Drusenmineral vorkam (KIRSCH 1956).

4. Schlußfolgerungen

Besonderes lagerstättenkundliches Interesse beansprucht neben dem in der DDR erstmals festgestellten Vorkommen relativ großer Mengen von Ludwigit das beschriebene Auftreten von Bormineralen und Scheelit in einer Lagerstätte. Bekanntlich betonte SCHNEIDERHÖHN (1941 und 1955) das Fehlen von Bormineralen in Scheelitskarnen.

Wie gezeigt wurde, stellen die geologischen Verhältnisse des Schachtes Pöhla eine Ausnahme von dieser Regel dar; deshalb sollte der Schluß, daß die Anwesenheit von Bormineralen die Abwesenheit von Scheelit bedingt (als Umkehrung von SCHNEIDERHÖHNs Feststellung), nur mit Vorsicht als Erkundungskriterium für eine Scheeliterkundung im Schwarzenberger Raum verwendet werden. Anscheinend gehören Borminerale und Scheelit getrennten mineralbildenden Phasen an, die zumindest in diesem Gebiet ihre Ursachen in noch unbekannten magmatischen Vorgängen im Untergrund haben.

Zusammenfassung

Bei der Erkundung von Magnetitskarn in Pöhla (Erzgeb.) wurden verbreitet Ludwigit, dessen Umwandlungsprodukt Ascharit und Scheelit nachgewiesen. Von den Mineralen werden geologische Stellung, Ausbildung und Genese beschrieben. Das Auftreten von Bormineralen und Scheelit in einer Lagerstätte wird diskutiert.

Резюме

При разведке магнетитового скарна в Пёла (Рудные горы) часто установлены людвигит, его продукт изменения ашарит и шеелит. Описываются геологическое положение, развитие и генезис минералов. Обсуждается нахождение минералов бора и шеелита в одном месторождении.

Summary

During the exploration for magnetite skarn at Pöhla (Erzgebirge), ludwigite, its transformation product ascharite and scheelite were widely identified. They are described with reference to their geological age, texture and genesis. The occurrence of boron minerals and scheelite in a deposit is discussed.

Literatur

BROWKIN, A. A., S. M. ALEKSANDROW & I. J. NEKRASOWA: Röntgenometrische Studien über die Minerale der Ludwigit-Vonsenit-Gruppe. — Sammelbd.: Die Röntgenographie mineralischer Rohstoffe, 3, Moskau 1963 (russ.).

KIRSCH, H.: Die metasomatische Skarn-Zinklagerstätte von Gelbe-Birke-Fundgrube bei Schwarzenberg im Erzgebirge. — Neues Jb. Mineralog. Ab., 89, Stuttgart 1956.

KURDJUKOW, A. A., & K. FEIRER: Scheelitvererzung in Skarnen des Exokontaktes des Bergener Granitmassivs. — Z. angew. Geol., 9, 2, 57—61, Berlin 1963.

LEONHARD, B. F., F. A. HILDEBRAND & A. C. VLISIDIS: Members of the Ludwigite-Vonsenite Series and their Distinction from Ilvaite. — Petrologic Studies: A Volume to Honor A. F. BUDDINGTON, Pp. 523—568, Nov. 1962.

LIEBER, W.: Die Fluoreszenz von Mineralen. — Der Aufschluß, 5. Sonderh., Heidelberg 1957.

RAMDOHR, P.: Die Erzmineralien und ihre Verwachsungen. — 2. Aufl., Akad.-Verl., Berlin 1960.

SCHNEIDERHÖHN, H.: Lehrbuch der Erzlagerstättenkunde. — Gustav Fischer Verlag, Jena 1941.

— Erzlagerstätten. — VEB Gustav Fischer Verlag, Jena 1955.

SCHUST, F.: Bericht über den Stand der Projektierungsarbeiten für Sucharbeiten Scheelit Tirpersdorf und Sucharbeiten Scheelit Bergener Massiv. — Unveröff. Akt. VEB Geol. Erkundung Süd, Freiberg 1964.

WOLF, D.: Vergleichende geochemische und paragenetische Untersuchung der Lagerstätten Breitenbrunn und Berggießhübel. — Unveröff., Dipl.-Arb., Bergakademie Freiberg 1961.

Das Problem der Eisen(II)-Bestimmung in Gesteinen[1)]

ERIKA WOHLMANN, Berlin

(Mitteilung aus dem Zentralen Geologischen Institut, Berlin)

Es ist die Aufgabe dieser Arbeit, Mineralogen, Petrographen und Geologen auf die Problematik einer Eisen(II)-Bestimmung, der sogenannten FeO-Bestimmung, hinzuweisen, um vor einer Überbewertung ermittelter FeO-Gehalte zu warnen. Die Bestimmung des zweiwertigen Eisens ist in Salzlösungen leicht und genau durchzuführen. Bei der Bestimmung von FeO in Gesteinen aber treten verschiedene Schwierigkeiten bzw. Störeinflüsse auf, die die FeO-Bestimmung positiv oder negativ beeinflussen.

1) Eingang des Manuskripts in der Redaktion: 23. 6. 1964

Die ersten Fehlerquellen liegen bereits bei der Probenvorbereitung, wobei es sich einmal um die Aufoxydation während des Zerkleinerns handelt, zum anderen um das Hereinbringen von Eisen in Form von Abrieb. Die zweite Schwierigkeit besteht in der unterschiedlichen Aufschließbarkeit der Gesteine infolge ihres mannigfach wechselnden Mineralbestands. Die dritte Schwierigkeit betrifft das Ausschließen des Luftsauerstoffs.

Für den Ausschluß der Oxydation durch den Luftsauerstoff werden verschiedene technische Möglichkeiten angewandt: Der Sauerstoff kann durch Einleiten von CO_2 ferngehalten werden, durch den Wasserdampf

Tabelle 1

Schwer aufschließbare FeO-Minerale nach J. JAKOB 1952

Mineral	
Chloritoide	
Glaukophan	teils momentan, teils 4 – 6 Stunden
Alkalihornblenden	„ „ „ 4 – 6 „
Granat	„ „ „ 4 – 6 „
Muskovit, Sericit, Phengit	
Staurolith	
Turmalin	

des siedenden Wasserbads und durch den Dampf der siedenden Aufschlußlösung sowie durch eine Deckschicht von in Toluol gelöstem Wachs.

Sieht man von den durch die Aufbereitung verursachten Fehlerquellen ab, so bietet die FeO-Bestimmung in kristallinen Gesteinen außer der zuweilen mangelhaften Aufschließbarkeit praktisch keine Schwierigkeiten. Schwer aufschließbare Minerale sind in Tab. 1 aufgeführt.

Bei der FeO-Bestimmung treten dann erhebliche Komplikationen ein, wenn ein Gestein lösliche Sulfide oder organische Substanz oder beides enthält. In Sedimenten kommen beide Störkomponenten häufig gemeinsam und oft in größerer Konzentration vor. Eine zuverlässige FeO-Bestimmung nach der klassischen Methode, d. h. Aufschluß mit $HF + H_2SO_4$ unter Luftausschluß und Titration mit $KMnO_4$ oder $K_2Cr_2O_7$, ist dann nicht mehr möglich. Die Wechselwirkungen zwischen Eisen(III), Sulfid und organischer Substanz gestatten nur die Ermittlung des nach dem Aufschluß vorliegenden FeO-Gehalts, also eines sekundären FeO, nicht aber des primär im Gestein vorhandenen FeO, das silikatisch und karbonatisch gebunden sein kann. Die Auswirkungen eines Sulfidgehalts nach der klassischen Methode zeigt Tab. 2.

Um trotz dieser Beeinflussung der FeO-Bestimmung dem Wunsch der Geologen, Mineralogen, Petrographen nach einer FeO-Bestimmung, d. h. der Bestimmung des sekundären FeO, entsprechen zu können, wurden in der Literatur zitierte Verfahren — an sich als Ersatz für die klassische Methode an kristallinen Gesteinen gedacht — an Eisenmineralen, an einem C-haltigen Standard sowie an den Standardgesteinen überprüft.

In der Literatur zur Gesteinsanalyse in bezug auf die klassische FeO-Bestimmung begegnet man recht unterschiedlichen Beurteilungen des Werts einer FeO-Bestimmung überhaupt, besonders wegen der Fehler, die sich bei der Probenvorbereitung wie auch beim Aufschluß in unterschiedlichem Maße einstellen können, zu denen noch die durch die Gesamtzusammensetzung des Materials bedingten Fehler kommen. Außer Sulfiden und organischer Substanz stören noch Titan(III), das den FeO-Wert erhöht, Mangan(IV), das ihn erniedrigt, und Vanadin(V), das ihn ebenfalls erniedrigt. Der Verbrauch an Oxydans stellt demnach nur ein Maß für die Oxydierbarkeit des Gesteins oder Minerals dar, nicht aber das des wahren FeO-Gehalts.

Auf Grund der zahlreichen Fehlerquellen für die FeO-Bestimmung gelangt J. JAKOB (1952) zu einer sehr negativen Beurteilung des Werts einer FeO-Bestimmung in Gesteinen; er hält sie für äußerst fragwürdig. Es habe auch keinen Sinn, äußerte er sich, die Genauigkeit der Bestimmung auf die Spitze zu treiben. Er geht so weit, zu sagen, daß die Unterscheidung von Eisen(II) und Eisen(III) für viele Gesteinsanalysen nur einen „ästhetischen" Sinn habe; denn die Summe nähert sich durch die FeO-Bestimmung dem idealen Wert „100". Nur mit Fe_2O_3 fällt sie zu hoch aus. „Es braucht Mut, sich das einzugestehen" (JAKOB 1952, S. 71). Den Luftsauerstoff schließt JAKOB durch Wasserdampf aus. DITTLER (Gesteinsanalytisches Praktikum 1933) beurteilt die FeO-Bestimmung nicht so ungünstig wie JAKOB.

Die durch schwer aufschließbare Minerale, wie Granat, Spinell, Hypersthen, und die durch bestimmte Beimengungen, wie Sulfid, Pyrit, organische Substanz, Vanadat und MnO_2, verursachten Fehler werden genannt. Der Ausschluß des Luftsauerstoffs wird durch CO_2 bewirkt.

HILLEBRAND und LUNDELL (1929 und 1953) schreiben, daß eine korrekte Bestimmung des FeO-Gehalts von Mineralen und Gesteinen in der Regel mit großen Schwierigkeiten verbunden ist. Sie gehen ausführlich

Tabelle 2. Vergleich verschiedener Methoden zur FeO-Bestimmung an Mineralen

Methode	Klass. $+CO_2$ + $KMnO_4$	Klass. $-CO_2$ + $KMnO_4$	V_2O_5	$K_2Cr_2O_7$	CeIV-Sulfat	o-Phenanthrolin		Theor. Soll
	% FeO	% Fe	% FeO	% FeO	% FeO	% FeO		% FeO
Mineral								
Magnetit Fe_3O_4	23,2 (Pt)		83,1	99,98	78,4 (Plast.)	22,7 13 – 16 12,8 5,1	norm.[1]) Pt. Plaste[2]) Pt. aufge- stellt[3]) 40 Stdn.[4]) Zi.-Temp.	31,03
Magnetkies FeS·S	33,6	44,1 70,6	63,1	75,43	0	10,0 3,8 – 4,6 4,6 0	norm. Pt. Plaste Pt. aufge- stellt 40 Stdn. Zi.-Temp.	81,7 f. FeS
Pyrit FeS_2	2,4		67,1	101,6	100	2,3 2,2 – 2,5 2,44 0	norm. Pt. Plaste Pt. aufge- stellt 40 Stdn. Zi.-Temp.	59,9
FeS gefällt	69,4		n. b.	180,2	n. b.	47,5 27,7 – 23,6 20,7 0	norm. Pt. Plaste Pt. aufge- stellt 40 Stdn. Zi.-Temp.	
Fe_2O_3			0	n. b.	0			0

1. Normaler Aufschluß in der Platinschale, ins Wasserbad eingehängt
2. „ „ in Plastgefäßen, auf das Wasserbad gestellt
3. „ „ in der Platinschale, auf das Wasserbad gestellt
4. „ „ in Plastgefäßen, 40 Std. bei Zimmertemperatur stehenlassen

auf die bereits genannten Fehlerquellen ein und besprechen eingehend den Einfluß von Pyrit und anderen Sulfiden auf die klassische FeO-Bestimmung, d. h. die Titration mit $KMnO_4$ oder $K_2Cr_2O_7$ nach dem Aufschluß. Besonders heben sie den lösenden Einfluß von Eisen(III) auf Pyrit und andere Sulfide hervor, wobei Fe^{III} zu Fe^{II} reduziert wird und S_2^{2-} bzw. S^{2-} zum Teil zu Sulfat oxydiert wird, so daß ein höherer FeO-Gehalt resultiert:

a) aus reduziertem Fe^{III} und

b) aus dem gelösten Fe^{II} des Sulfids.

Die Meinungen über die Löslichkeit des Pyrits gehen bei den schon genannten Autoren auseinander, vor allem wohl, weil die Versuchsbedingungen unterschiedlich waren. Pyrit gibt mit Säure versetzt keine H_2S-Entwicklung (HÜCKEL 1940, S. 340 und 641). Nach dem Gitter des Pyrits fungiert S_2 als zweiwertiges Anion. Der Einfluß der gewöhnlich in magmatischen Gesteinen gefundenen Pyritgehalte ist nach HILLEBRAND und LUNDELL zu vernachlässigen. Nach meinen Erfahrungen bewegen sich die %-Gehalte an S um 0,1%. Diese 0,1% würden eine Erhöhung des FeO-Gehalts um 0,25% abs. ergeben, wenn die geringe Menge Pyrit gelöst wird. 0,1% Pyrit würde 0,06% FeO ergeben. Dazu kommt ggf. FeO, gebildet durch Reduktion von Eisen(III), das aber auch in komplexes FeF_6-Anion übergehen kann. Nach eigenen Versuchen ist die Löslichkeit von Pyrit in 2 n H_2SO_4 äußerst gering. Bei 60 Min. währendem Erwärmen auf dem Wasserbad mit $HF-H_2SO_4$ gehen etwa 3,5% des Pyrits in Lösung, vom Magnetit werden unter gleichen Bedingungen etwa 60% gelöst. Bei der Überprüfung einer photometrischen Methode unter Benutzung des $HF-H_2SO_4$-Aufschlusses wurden stets um 2,5% FeO im Pyrit gefunden, das von einem geringen Überzug von $FeSO_4$ herrührt. Versuche zur Löslichkeit des Pyrits in Gegenwart von Eisen(III) wurden noch nicht durchgeführt.

Auf eine weitere, noch nicht erwähnte Fehlerquelle weisen HILLEBRAND und LUNDELL noch hin, nämlich auf die erhöhte Oxydierbarkeit von Eisen(II) in Gegenwart von HF oder Fluorid, die sich bei den Varianten des klassischen Aufschlusses auswirkt. Auch dieser Effekt wurde noch nicht nachgeprüft.

Den Anschauungen HILLEBRANDS und LUNDELLS schließt sich GROVES (1951) an, der den Ausschluß des Luftsauerstoffs lediglich durch das Sieden der Aufschlußlösung erzielt. In bezug auf den Einfluß von organischer Substanz und von V_2O_5 auf die FeO-Bestimmung wird die den FeO-Wert fälschende Einwirkung bestätigt, die sich besonders bei der FeO-Bestimmung in Sedimenten zeigt.

Beim Geological Survey der USA wird der Luftausschluß in der bereits geschilderten Weise vorgenommen. Der schädigende Einfluß von organischer Substanz und von Sulfiden wird bestätigt. Auch in sowjetischen Anleitungen zur Silikat- und Mineralanalyse wird die klassische Methode beschrieben, wobei CO_2 durchgeleitet und mit $KMnO_4$ titriert wird.

Methodische Verbesserungen zum Ausschluß der Luftoxydation bei der FeO-Bestimmung wurden in den letzten Jahren von verschiedenen Forschern versucht, indem der $HF-H_2SO_4$-Aufschlußlösung ein Oxydationsmittel zugesetzt wird, das sogleich in Lösung gehendes

Tabelle 3. Vergleich verschiedener Methoden zur FeO-Bestimmung an 2 Gesteinen

Methode	Klass. $+CO_2$ (+ $KMnO_4$)	Klass. $-CO_2$ (+ $KMnO_4$)	V_2O_5	$K_2Cr_2O_7$	CeIV-Sulf.	o-Phenanthrolin	Dimethylgloyxim
	% FeO	% FeO	% FeO	% FeO	% FeO	% FeO	% FeO
Gneis	2,31	2,31	2,76	2,93	2,60	2,52	2,5
		2,71	2,85		2,34	2,62	
		2,40				2,50	
		2,74				2,30	
		2,63				2,90	
		Mi.:	Mi.:		Mi.:	Mi.:	
		2,55	2,80		2,47	2,57	
Gestein	n. be-	2,78*)	4,2	4,0	2,60	3,2	2,5
Bohrung	stimm-	3,19	4,6		2,90	3,3	2,4
Wilden-	bar		3,4			2,7	
fels	wegen		2,8			3,0	
			3,6			2,5	
+ C	C		3,2			2,7	
			3,3			2,9	
						2,5	
					Mi.:	Mi.:	
					2,75	2,85	

*) Diphenylamin als Indikator benutzt

Eisen(II) oxydiert, wobei es selbst reduziert wird. Der verbliebene Überschuß an Oxydationsmitteln wird mit Eisen(II)-Lösung zurücktitriert. Zu diesen Oxydationsmitteln gehören: Ammoniumvanadat, eingeführt von WILSON, sowie Silberperchlorat, eingeführt von UNGETHÜM (1963), das mit Bromid zurücktitriert wird, $K_2Cr_2O_7$, gleichzeitig eingeführt vom Geol. Survey und von uns, sowie Cerisulfat, ebenfalls von uns eingeführt. Diese Oxydationsmittel, außer $AgClO_4$, wurden von uns an Mineralen und Gesteinen angewandt und brachten interessante Befunde (Tab. 3).

Die Zugabe von $K_2Cr_2O_7$ zur Aufschlußlösung für die FeO-Bestimmung ist 1962 im Bulletin 1144 B des Geol. Survey beschrieben worden. Die Vanadatmethode wurde von uns 1961 in den „Entwurf zum Standard für die Durchführung von Silikatanalysen" aufgenommen. Auch in der UdSSR wird diese Methode für kleinere FeO-Gehalte angewandt.

Es hat sich gezeigt, daß diese Reagenzien für kristalline Gesteine geeignet sind, doch werden V_2O_5, $K_2Cr_2O_7$ und Cerisulfat in Gegenwart von Sulfid und/oder von organischer Substanz von diesen unterschiedlich angegriffen. Das führt besonders bei Sedimenten mit ihrem oft hohen Gehalt an Störverbindungen zu falschen FeO-Gehalten. Diese an sich guten Methoden sind für die Sedimente ebensowenig brauchbar wie die klassischen Methoden mit der an den Aufschluß anschließenden direkten Titration des Eisen(II) durch $KMnO_4$ oder $K_2Cr_2O_7$, nachdem die Wechselwirkung in der Aufschlußlösung zwischen Sulfid, organischer Substanz und Eisen(III) stattgefunden hat.

Eine Methode, die zwar auch die letztgenannten Störeffekte während des Aufschlusses nicht ausschließen kann, die jedoch durch Zugabe eines Oxydans zur Aufschlußlösung oder die Beeinflussung durch die Titration mit einem solchen ausschließt, ist die photometrische Methode mit o-Phenanthrolin, vorgeschlagen von SHAPIRO im Geological Survey Research 1960. o-Phenanthrolin soll während des Aufschlusses zugegen sein, und in Lösung gehendes FeO soll sich mit ihm zum

Ferro-Komplex umsetzen. Die Aufschlußlösung wird in eine auf pH 4 eingestellte Lösung eingegossen, um das Maximum der Färbung zu erreichen.

Diese Methode wurde als erste Methode von uns überprüft, ergab jedoch oft streuende Befunde, selbst bei Eichlösungen. Dies lag an dem nicht ausreichenden Ausschluß an Luftsauerstoff bei einem pH während des Aufschlusses, bei dem o-Phenanthrolin noch nicht mit Eisen(II) reagiert. Nach einigen Abänderungen, wie Rückkehr zum klassischen Aufschluß unter Benutzung von Wasserdampf zum Luftausschluß, Zusatz von 1 mol Ammoniumsulfatlösung und Eingießen in eine Lösung, deren pH-Wert sich auf 4 einstellt, wurden reproduzierbare Werte für die Eichkurve gefunden. Die bei visueller Kolorimetrie störende bräunliche Eigenfärbung der Aufschlußlösung, von organischer Substanz herrührend, wird durch die Benutzung eines Filters von 570 nm ausgeschaltet. Sulfid und organische Substanz wirken auf o-Phenanthrolin nicht ein, so daß sekundäres FeO genau bestimmt werden kann.

Die Methode von UNGETHÜM anzuwenden, war bisher nicht möglich. UNGETHÜM stellt fest, daß organische Substanz während des Aufschlusses nicht stört, d. h. nicht reduzierend wirkt. Auch das entstandene Silber in feiner Verteilung wirke nicht reduzierend ein. Jedoch machen sich lösliche Sulfide störend bemerkbar. Die in Kürze geschilderten Methoden und Stellungnahmen der Autoren zur FeO-Bestimmung zeigen, daß alle mit verschiedenen Fehlern behaftet sind. Die bei der Probenaufbereitung auftretenden Fehler lassen sich verringern, aber kaum ganz ausschalten.

Die geologisch-petrographischen Bearbeiter müssen sich damit abfinden, daß sie in Sedimenten, die Pyrit, Sulfide und/oder organische Substanz enthalten, nur einen Wert für sekundäres FeO bekommen. Die Störung, verursacht durch die Anwesenheit von MnO_2 und/oder V_2O_5, ist ebenfalls in Sedimenten mit ihren wechselnden Gehalten an Mn^{IV} und/oder V^{V}-Verbindungen zu beachten.

Um vergleichbare Ergebnisse aus verschiedenen Institutionen zu erhalten, sollte man sich auf eine Methode für kristalline Gesteine und eine für Sedimente einigen, am besten sollte man sich auf eine Methode für beide Gesteinsarten festlegen.

Die Arbeiten zur FeO-Bestimmung sind noch nicht abgeschlossen. Der Beitrag sollte vor allem auf die zahlreichen Fehlerquellen bei der FeO-Bestimmung hinweisen und auf die durch unterschiedliche Methoden zusätzlich entstehenden Fehler, wodurch die Vergleichbarkeit von FeO-Gehalten schwierig oder gar unmöglich wird. Es sind noch Versuche über die Aufschließbarkeit bestimmter Minerale, über die Einwirkung von HF auf die Löslichkeit von Pyrit und von FeF_3 bzw. H_3FeF_6 auf die Erhöhung der Einwirkung von Luftsauerstoff auf Eisen(II) durchzuführen. Die Einwirkung organischer Substanz in komplexen Lösungen ist ebenfalls noch zu überprüfen.

Zusammenfassung

Die Bestimmung zweiwertigen Eisens bietet im allgemeinen keine Schwierigkeiten. Für diese Bestimmung in Gesteinen treten jedoch bereits bei der Probenvorbereitung Schwierigkeiten auf. Eine weitere Fehlermöglichkeit birgt die unterschiedliche Aufschließbarkeit der Gesteine in sich. Abgesehen von diesen Fehlerquellen bietet die Bestimmung zweiwertigen Eisens in kristallinen Gesteinen keine Schwierigkeiten. Komplikationen treten auf, wenn ein Gestein lösliche Sulfide oder organische Substanz oder beide gemeinsam enthält. Eine genaue FeO-Bestimmung nach der klassischen Methode ist dann nicht möglich. Die Wechselwirkungen zwischen Eisen(II), Sulfid und organischer Substanz erlauben nur die Ermittlung des nach dem Aufschluß vorliegenden FeO. Um dieses sekundäre FeO bestimmen zu können, wurden verschiedene Verfahren auf ihre Brauchbarkeit untersucht.

Резюме

Определение двухвалентного железа в общем не представляет затруднений, однако, в случае такого определения в горных породах получаются уже трудности при подготовке проб к анализу. Другая возможность ошибок скрывается в разной разлагаемости пород. Не считая эти источники ошибок, определение двухвалентого железа в кристаллических горных породах не представляет затруднений. Осложнения возникают, если порода содержит растворимые сульфиды или органическое вещество или даже содержит их совместно. Тогда точное определение FeO по классическому методу невозможно. Взаимодействия между двухвалентным железом, сульфидом и органическим веществом позволяют лишь определение полученного после разложения FeO. С целью возможности определения этого вторичного FeO различные способы подвергались исследованию на их пригодность.

Summary

Although, in general, difficulties are not encountered when determining bivalent iron, they do make themselves felt during the preparation of samples. The different dissolution of rocks involves another possibility of errors. Apart from these sources of error obstacles for a determination of bivalent iron in crystalline rocks are removed. Trouble will occur when soluble sulphides or organic substances or both are contained in a rock. An exact determination of FeO by the classical method is then no longer possible. Interactions taking place between bivalent iron, sulphide and organic substance only allow a determination of FeO obtained by the dissolution. Different methods were investigated for their suitability to determine this secondary FeO.

Literatur

DITTLER, E.: Gesteinsanalytisches Praktikum. – Verlag de Gruyter, Berlin und Leipzig, S. 46ff., 1933.

GROVES, A.: Silicate Analysis. – Verlag George Allen and Unwin Ltd., S. 88–91, London 1951.

HILLEBRAND-LUNDELL: Applied inorganic Analysis. – Verlag J. Wiley and Sons, S. 769–786, New York 1929; S. 907–922, New York 1953.

HÜCKEL, W.: Anorganische Chemie. – Akad. Verlagsges., S. 340, 641, Leipzig 1940.

JAKOB, J.: Chemische Analyse der Gesteine und silikatischen Mineralien. – Verlag Birkhäuser, S. 69ff., Basel 1952.

KNIPOWITSCH, I. N., & J. W. MORASCHEWSKOWO: Analyse mineralischer Rohstoffe, 3. Aufl. – S. 247 und 348, Leningrad 1959.

PONOMARJEW, A. J.: Methoden der chemischen Analyse von Silikat- und Karbonatgesteinen. – Verlag Akad. Wiss. UdSSR, 2. Aufl., Moskau 1961.

REICHEN, L. E., & J. J. FAHEY: An Improved Method for the Determination of FeO in Rocks and Minerals Including Garnets. – U.S. Geological Survey, Bull. 1144-B, 1962.

REILLEY, CH. N.: Advances in Analytical Chemistry and Instrumentation, Vol. I. – Interscience Publishers, INC, S. 184, New York 1960.

RILEY, J. P., & M. P. WILLIAMS: The Microanalysis of Silicate and Carbonate Minerals I: Determination of ferrous iron. – Microchim. Acta, S. 516, 1959.

SHAPIRO, L.: Spectrophotometric Method for the Determination of Ferrous Iron in Silicate Rocks. – U.S. Geological Survey Research, B 496, 1960.

SHAPIRO, L., & W. W. BRANNOCK: Rapid Analysis of Silicate and Carbonate Rocks. – U.S. Geological Survey, Bull. 1036-C, S. 45, 1956.

SMIRNOW, V., & N. AIDINJAN: Bestimmung von FeO in Mineralen und Gesteinen. – C.P. Acad. Sci. USSR Xiv, Nr. 6, S. 353–356, 1937.

UNGETHÜM, H.: Arbeitsbericht über die Bestimmung von FeO in Gesteinen u. Mineralen. – WTI, S. 43, 1963.

WILSON, A. D.: A New Method for the Determination of Ferrous Iron in Rocks and Minerals. – Great Britain Geol. Survey, Bull. 9, S. 56–58.

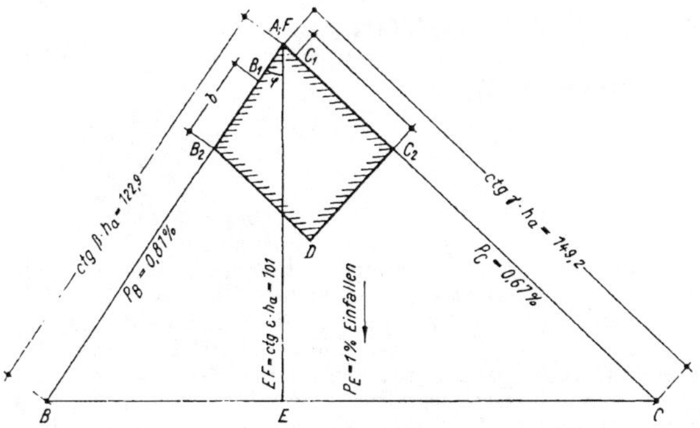

Abb. 3. Darstellung der Meßergebnisse in Helfta

Intensität der Schiefstellungen wurden fünf Stufen unterschieden:

1. Stufe, 0 bis < 0,25%. Diese Stufe umfaßt die Gebäude in normaler Lage oder mit leichter Schiefstellung. Es können hierbei vier Faktoren ursächlich beteiligt sein: a) Auslaugungssenkungen; b) Bauwerkssetzungen; c) bautechnische Mängel; d) Beobachtungsfehler.

Welche der vier Faktoren ein Meßresultat maßgeblich beeinflußt haben, läßt sich nur aus dem Gesamtzusammenhang schließen.

2. Stufe, 0,25 bis < 0,75%. Leicht bis deutlich erhöhte Schiefstellung. In dieser Gruppe spielen bei Anwendung der nivellitischen Methode Beobachtungsfehler keine Rolle mehr. Praktisch kommen nur noch drei Faktoren, nämlich Auslaugungssenkungen, Baugrundsetzungen und Baumängel in Frage. Sobald sich in einer Gruppe benachbarter Objekte hinsichtlich der Fallrichtung eine einheitliche Tendenz zeigt, muß man die Auslaugungssenkung als den vorherrschenden Faktor ansehen.

3. Stufe, 0,75 bis < 1,5%. Ausgeprägte Schiefstellung. Die Möglichkeit von Beobachtungsfehlern und Baumängeln kann außer Betracht bleiben. Auch hier kann aus der Falltendenz einer Objektgruppe Aufschluß über die tatsächlich und vorwiegend wirksame Ursache gewonnen werden.

4. Stufe, 1,5 bis < 3,0%. Stark ausgeprägte Schiefstellung. Bei Neigung dieses Ausmaßes wird in Helfta in jedem Fall als sicher angenommen, daß es sich um Auswirkungen von Veränderungen des tieferen Untergrunds handelt.

5. Stufe, 3,0% und mehr. Außerordentlich stark ausgeprägte Schiefstellung. Diese Gruppe wurde ausgesondert, weil bei derart außergewöhnlichen Neigungen mit der Möglichkeit gerechnet werden muß, daß die Lageveränderungen und Deformationen der Gebäude bedrohliche Formen annehmen.

Auswertung der Meßergebnisse

Bei Betrachtung der im Lageplan eingetragenen Meßwerte ergibt sich, daß die allgemeine Streichrichtung der Schiefstellungen etwa mit der Nord—Süd-Richtung zusammenfällt. Ferner lassen sich zwei Zonen einander entgegengesetzter Fallrichtungen, von West nach Ost und umgekehrt, erkennen. Dadurch zeichnet sich das Bild einer schwach muldenartigen Einsenkung der Erdoberfläche von ungleichmäßiger Breite und Intensität ab.

Etwa in der Richtung von NNW nach SSE zieht sich eine Reihe besonders bemerkenswerter Schadensfälle durch das untersuchte Gebiet hin.

Das markanteste Beispiel stellt das in N—S-Richtung gelegene Wirtschaftsgebäude des Grundstücks Winzerstraße Nr. 8 dar. Dort wirken sich horizontale Druckkräfte vor allem auf die östliche Längswand aus (Abb. 4). Der unterirdische Teil der Mauer ist in den Kellerraum hineingedrückt. Der darüber befindliche Teil der Wand ist teils abgeschert, teils schiefgestellt worden. An der südöstlichen Ecke des Gebäudes ist ein Abscheren eingetreten. Auch die Mauerwerksbögen über den Fenstern sind in Mitleidenschaft gezogen worden.

Das Wohnhaus Dachsoldstraße 16/18 zeigt ein Einfallen von 2,3%. Die Kellerwände an den Giebelseiten sind eingedrückt. Der westliche Giebel mußte erneuert werden. An jeder Giebelseite wurde ein 0,3 m breiter Luftschlitz angeordnet. Jeder Luftschlitz wird durch eine Stützmauer begrenzt, die den Erdschub vom Bauwerk fernhält, selbst aber verschoben werden kann (KAMMERER 1962).

Im nördlichen Teil der Bahnhofstraße verringern sich die Abstände zwischen den Häusern Nr. 7, 9 und 11 zusehends. Obgleich das Haus Nr. 9 durch Aufführen neuen Mauerwerks instand gesetzt worden war, läßt es bereits wieder ein Kippen nach Osten erkennen. Die Wirkungslinien der das Haus Nr. 11 zangenförmig angreifenden Kräfte verlaufen in W — E-Richtung. Dem Zusammendrücken im unteren Gebäudeteil steht ein Aufreißen der Mauerwerksfugen zwischen den beiden Fensterreihen gegenüber. Die Häuser Nr. 10 und 14 neigen sich zueinander und sind mit ihren Kellern bereits in das Grundwasser abgesunken.

In der Gartenstraße mußte das Doppelhaus Nr. 5 und 7 wegen der aufgetretenen Zerstörungen abgetragen werden.

Die muldenförmige Einsenkung in der Ortschaft Helfta findet ihre Fortsetzung in der Gegend der südöstlich gelegenen Halde. Von der Höhe südlich des Bahnhofs Helfta hat man einen Einblick in die Geländesenke, die sich in den letzten Jahren sehr stark vertieft hat (Abb. 5).

Abb. 4. Deformationen am Wirtschaftsgebäude Winzerstraße Nr. 8

Abb. 5. Blick auf die Senkungsmulde in Helfta von Süden aus

Die Zusammenstellung der Vektoren der Gebäudeschiefstellungen (Abb. 2) läßt folgende Tatsache erkennen: Das Einfallen der Schieflagen ist im westlichen Teil des

Zeitschrift für angewandte Geologie, Bd. 10 (1964), Heft 12

Ermittlung und Auswertung der Neigungsvektoren von Bauwerken in Karstsenkungsgebieten[1])

ALFRED THOMAS, Berlin

Einleitung

Bei der Erforschung der Senkungsvorgänge in Auslaugungsgebieten bedient man sich der Feinnivellements längs bestimmter Linien. Dieses Verfahren wird jedoch erst wirksam, wenn die Ergebnisse mindestens eines in einem angemessenen Zeitabstand vorgenommenen Kontrollnivellements vorliegen. Bei vorhandenen Bauwerken, insbesondere also in Ortschaften, besteht auch die Möglichkeit, anhand einer Analyse des Bauzustands ein Bild von den Vorgängen zu gewinnen.

In der Ortschaft Helfta mit einer ausgedehnten Verbreitung und größeren Kompliziertheit der Senkungs- und Schadenserscheinungen mußte eine Methode gefunden werden, die mit einfachen Mitteln größere Flächen in möglichst kurzer Zeit erfaßt und vergleichbare quantitative Kennwerte liefert. Die Lösung der Aufgabe bestand in der Anwendung einer nivellitischen Methode zur Ermittlung der Bauwerksschiefstellungen.

Zur ingenieurgeologischen Situation im Ort Helfta

Auslaugungsvorgänge im Zechstein, die durch bergbauliche Maßnahmen zusätzlich beeinflußt sein können, haben zur Senkung der Erdoberfläche geführt und die nachstehenden Folgeerscheinungen mit sich gebracht:

1. Durch das Absinken geraten Häuser in den Grundwasserbereich. Die Keller stehen unter Wasser. Der Mauerwerksmörtel wird gelöst und ausgewaschen.
2. Durch ungleichmäßige Senkungen und Schiefstellungen erfahren die Bauwerke Deformationen und Rißbildungen.
3. Die in einer Zone starker, annähernd horizontal wirkender Druckkräfte stehenden Gebäude erleiden durch Zusammendrückung Schäden, indem die Kellerwände und Grundmauern nach innen gedrückt werden; außerdem werden zahlreiche Garten- und Hoftüren zusammengeschoben.
4. Die Bewegungen des Gebirges im Auslaugungsgebiet äußern sich in polternden bis leicht erdbebenartigen Erschütterungen, die eine Beunruhigung der jeweils betroffenen, in der Nähe befindlichen Bewohner mit sich bringen.

Die Ermittlung der Gebäudeneigungen durch Nivellieren

Bei den ingenieurgeologischen Untersuchungen in Helfta wurde von der Überlegung ausgegangen, daß aus den Veränderungen an der Oberfläche und damit auch aus den Schiefstellungen der Bauwerke gegenüber ihrem ursprünglichen Zustand Schlüsse auf Art und Umfang der Vorgänge im Untergrund gezogen werden können.

Es wurde im allgemeinen so vorgegangen, daß dort, wo es die örtlichen Umstände zuließen, an zwei annähernd senkrecht zueinander stehenden Seiten eines Gebäudes zwei Meßlinien ausgewählt wurden, die durch ursprünglich horizontal verlaufende Konstruktionselemente gebildet werden. Es handelt sich dabei meistens um die Sockelkanten der Häuser, aber auch die in einer Flucht liegenden Fensterbänke können verwendet werden. Auf jeder der beiden Meßlinien werden zwei möglichst weit voneinander entfernt gelegene Meßpunkte festgelegt; der horizontale Abstand der beiden Punkte wird mittels Meßband bestimmt. Für jedes Punktpaar wird der vertikale Höhenunterschied der zwei Meßpunkte durch Nivellieren ermittelt. Die Ablesung erfolgt mit Millimetergenauigkeit. Der Querschnitt des Hauses mit den Eckpunkten AB_2DC_2 habe sich relativ um die Kipplinie K′K″ geneigt. Die beiden Meßlinien seien (wenn sie nicht schon von Natur aus so liegen) durch eine gedachte Parallelverschiebung längs der Hauswände so angeordnet, daß sich die Linien der beiden Punktpaare B_1B_2 und C_1C_2 in A schneiden und damit in einer Ebene zu liegen kommen (Abb. 1a). Die durch die Punkte AB_2DC_2 gehende, die Schiefstellung des Hauses kennzeichnende Ebene wird durch eine horizontale Ebene mit dem vertikalen Abstand $AF = h_a$ in den Punkten B und C geschnitten. Die Normale von A auf BC mit dem Fußpunkt E gibt die Neigungsrichtung des schiefgestellten Gebäudes an. Die Linie BC ist parallel der Kipplinie K′K″ und liegt im Streichen der Fallebene und damit der Schiefstellung. Die Kipplinie mit dem Punkt A wird bei diesem Verfahren als relativ feststehend angenommen.

Messungen an Gebäuden mit rechtwinkligem Grundriß

Es soll zunächst vorausgesetzt werden, daß die Projektion des Winkels BAC, also der Winkel BFC, ein Rechter ist, was in den meisten Fällen der Wirklichkeit genau genug nahekommt. Eine geringfügige theoretische Abweichung kann in der Praxis vernachlässigt werden. Das Zusammenfallen von A und C_1 ist im vorliegenden Beispiel zufällig.

Durch Messen werden bestimmt (Abb. 1b):

$b = B'B_2 =$ Horizontalabstand des Punktpaares B_1, B_2

$c = C'C_2 =$ Horizontalabstand des Punktpaares C_1, C_2

Durch Nivellieren werden ermittelt:

$h_b = B'B_1 =$ Höhendifferenz des Punktpaares B_1, B_2

$h_c = C'C_1 =$ Höhendifferenz des Punktpaares C_1, C_2.

Aus den Figuren der Abb. 1 ergibt sich:

$h_a : EF = \tan\varepsilon$; $h_b : b = h_a : BF = \tan\beta$;

$h_c : c = h_a : CF = \tan\gamma$.

Aus $BF : EF = BC : CF$ und $BC^2 = BF^2 + CF^2$ folgt

$$\frac{1}{EF^2} = \frac{BF^2 + CF^2}{BF^2 \cdot CF^2}; \quad \frac{1}{EF} = \frac{1}{BF^2} + \frac{1}{CF^2};$$

$$\frac{h_a}{EF} = \sqrt{\left(\frac{h_a}{BF}\right)^2 + \left(\frac{h_a}{CF}\right)^2} = \tan\varepsilon = \sqrt{\tan^2\beta + \tan^2\gamma}.$$

Der Wert ε bringt die Schiefstellung des Bauwerkes in bezug auf eine Horizontalebene zum Ausdruck und ist rechne-

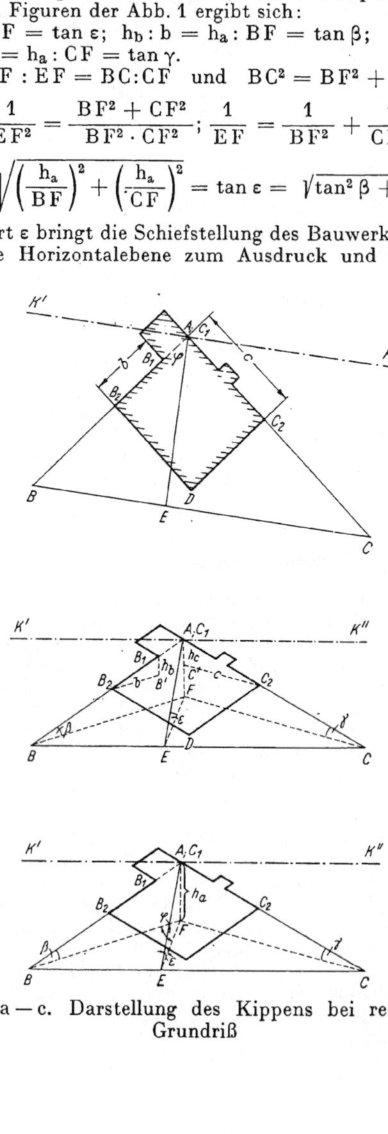

a

b

c

Abb. 1 a—c. Darstellung des Kippens bei rechteckigem Grundriß

[1]) Eingang des Manuskripts in der Redaktion: 10. 6. 1963.

risch leicht zu ermitteln. Noch einfacher ist es in der Praxis, die Fallneigungen in Prozentzahlen auszudrücken; die Fallneigung der Ebene ergibt sich dann wie folgt:

$$P_E = 100\ [\%] \cdot \tan \varepsilon = \sqrt{(100 \cdot \tan \beta)^2 + (100 \cdot \tan \gamma)^2}\ [\%].$$

Beispiel: Es seien folgende Größen gemessen:

$h_b = 4{,}8$ cm, $b = 5{,}90$ m, $h_c = 6{,}7$ cm, $c = 10{,}00$ m

Daraus ergeben sich die Neigungen der durch B und C gehenden Fallinien in Prozenten:

$P_B = 100\% \cdot \tan \beta = 100\% \cdot 0{,}048 : 5{,}90 = 0{,}813\%$
$P_C = 100\% \cdot \tan \gamma = 100\% \cdot 0{,}067 : 10{,}00 = 0{,}67\%$

Das Einfallen der Ebene AB_2DC_2 beträgt dann

$P_E = \sqrt{0{,}81^2 + 0{,}67^2} = 1{,}05\%$

Die Neigungsrichtung kann durch den Winkel $BFE = \varphi$ bestimmt werden.

Es bestehen die Beziehungen

$\tan \varphi = BE : EF = BF : CF$

$BF = h_a : \tan \beta$ und $CF = h_a : \tan \gamma$, daher
$\tan \varphi = \tan \gamma : \tan \beta$.

Im vorliegenden Beispiel verhalten sich $\tan \gamma : \tan \beta$ wie $0{,}0067 : 0{,}00813$.

Unter Zugrundelegung dieses Verhältnisses kann also der Winkel als Abweichung von der Seite BF im Grundriß oder Lageplan eingezeichnet werden.

Messungen an Gebäuden mit unregelmäßigem Grundriß

Ist der Winkel BFC kein Rechter, so empfiehlt es sich, auch das Einfallen P_E graphisch zu ermitteln. In Abb. 3 möge ein solcher Grundriß vorliegen, wofür im übrigen die Beziehungen der Abb. 1b und c gültig bleiben sollen. Dann bestehen die Beziehungen

$BF = (b : h_b) \cdot h_a = \operatorname{ctg} \beta \cdot h_a$
$CF = (c : h_c) \cdot h_a = \operatorname{ctg} \gamma \cdot h_a$
$EF = \operatorname{ctg} \varepsilon \cdot h_a$

Die Höhe h_a wird als eine Längeneinheit in einem für die graphische Darstellung und den jeweiligen Fall handlichen Maßstab angenommen. Dann ergibt sich unter Zugrundelegung der obengenannten Meßergebnisse:

Beispiel:

$BF = 590 : 4{,}8 = 122{,}9$; d. h., die Fallinie AB hat die Neigung 1:123;
$CF = 1000 : 6{,}7 = 149{,}2$; d. h., die Fallinie AC hat die Neigung 1:149.

Daraus ergibt sich die Konstruktion des Dreiecks BCF. Die Normale AE auf die im Streichen verlaufende Linie BC ist die Fallinie der Kippebene. Ihre Projektion $EF = \operatorname{ctg} \varepsilon \cdot h_a$ wird unter der Annahme, daß $h_a = 1$ ist, aus der Zeichnung mit 101 ermittelt. Es ist

$$\operatorname{ctg} \varepsilon = 101;$$
$$\tan \varepsilon = 1 : 101 = 0{,}0099 \approx 0{,}01.$$

Die Neigung des schiefgestellten Hauses beträgt also

$$P_E = 1\%.$$

Die Darstellung der Schiefstellungen als Vektoren

Auf Grund der in Helfta auf nivellitischem Wege ermittelten und rechnerisch ausgewerteten Meßergebnisse wurden in einen Lageplan die Fallrichtungen der schiefgestellten Gebäude eingezeichnet (Abb. 2). Die Fallneigungen werden in Prozent angegeben. Auf diese Weise erhalten die Eintragungen die Eigenschaft von Vektoren. Bezüglich der

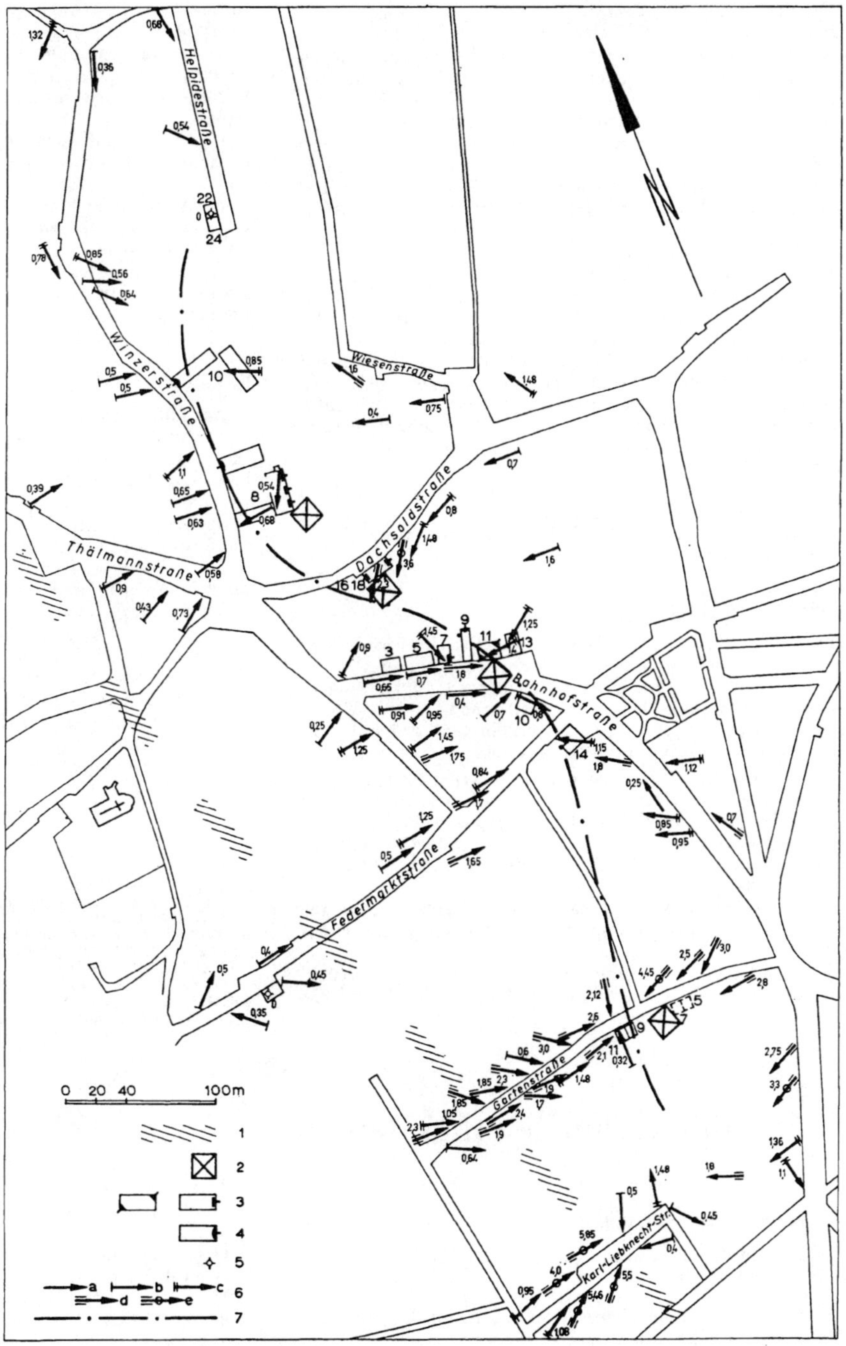

Abb. 2. Ermittlung des Vektors bei trapezförmigem Grundriß

1 – Salzspiegelrand nach Fulda 1929, 2 – Auftreten von Pressungserscheinungen, 3 – Eindrückung von Kellerwänden (unter Flur), 4 – eingebeulte Gebäudewände (über Flur), 5 – Bauwerke ohne Schiefstellung, 6a bis e – Bauwerke mit Schiefstellung, Stufe 1 bis 5 7 – Achse der Absenkung

Untersuchungsgebiets vorwiegend nach Osten, im östlichen Teil vorwiegend nach Westen gerichtet. Dadurch zeichnet sich eine langgestreckte muldenförmige Eindellung der Geländeoberfläche ab. Es muß angenommen werden, daß sich die Absenkungserscheinungen über ein größeres Gebiet erstrecken, als es von den Messungen erfaßt wurde. Im Lageplan wurde eine Linie eingetragen, die so verläuft, daß fast alle gemessenen Objekte gegen diese Linie einfallen.

Außerdem läßt sich eine schmale Zone erkennen, die durch das Vorkommen besonders intensiver Gebäudeschäden ausgezeichnet ist. An diesen Bauwerken sind die Grundmauern oder die Kellerwände in das Innere der Gebäude hineingedrückt worden. Im Lageplan wurde die Zone verstärkter Stauchungserscheinungen durch viereckige Signaturen angedeutet.

Bei der Deutung der Senkungs- und Schadensursachen muß davon ausgegangen werden, daß der Salzspiegelrand nicht den in der geologischen Karte eingetragenen gestreckten Verlauf nehmen, sondern weit unregelmäßigere Konturen aufweisen dürfte. Die Hangendgrenze des Salzgesteins, vor allem im Stadium der verstärkten Ablaugung und mindestens im Randgebiet dieses leicht löslichen Gesteins, ist wahrscheinlich nicht horizontal ausgebildet, sondern der Salzrand ist hang- oder böschungsartig modelliert. Diese Deutung würde die Vorstellung zulassen, daß die Ablaugung nicht ausschließlich flächenhaft vor sich geht, sondern einen mehr oder weniger starken Abfall am Rande des Salzes geprägt hat. Der Verlauf der Zone aktivster Druckerscheinungen ist dabei wahrscheinlich die oberflächige Auswirkung der hangartigen unterirdischen Auslaugungsform.

Man muß auch die Möglichkeit in Betracht ziehen, daß Salzreste oder flözgrabenähnliche Bildungen vorhanden sind, deren Ablaugung das übertägige Bild mit beeinflußt. Unter diesen Gesichtspunkten muß damit gerechnet werden, daß sich das Schadensgebiet in Helfta weiter nach Nordosten ausweitet.

Der hangartige Salzrand ist selbstverständlich nicht im Sinne des Salzhangs von FULDA (1924) zu verstehen, da hier nach Größenordnung und Entstehung ein wesentlicher Unterschied besteht.

Zusammenfassung

In Helfta wurde erstmals eine nivellitische Ermittlung der Kippvektoren der Gebäudeschiefstellungen angewendet. Diese Methode ist als Ergänzung zu den sonstigen geologischen, geophysikalischen und feingeodätischen Untersuchungsverfahren in Auslaugungsgebieten gedacht. Sie sollte folgenden Forderungen entsprechen:

a) Das Verfahren muß bei geringem Arbeitsaufwand auf größeren Bebauungsflächen rasch Ergebnisse bringen;

b) es darf nicht durch komplizierte geodätische Meßarbeit belastet sein, soll keinen hohen mathematisch-rechnerischen Aufwand erfordern und keine großen zeichnerischen Ansprüche stellen;

c) es soll sich zur Ausführung durch den Ingenieurgeologen selbst ohne die Einschaltung eines geodätischen Meßtrupps eignen;

d) es soll eindeutig vergleichbare, quantitativ ausdrückbare Kennwerte liefern und eine Wiedergabe durch einfache zeichnerische Darstellung ermöglichen.

Es wird angenommen, daß das beschriebene Arbeitsverfahren diese Bedingungen erfüllt und für weitere Untersuchungen Anwendung finden kann.

Резюме

В г. Хельфта впервые применялось нивелирное определение векторов наклонения зданий. Этот метод является дополнением прочих геологических, геофизических и детальных геодезических методов исследования в областях выщелачивания. Он должен отвечать следующим требованиям:

а) метод должен быстро давать результаты при минимальной затрате труда для более обширных районов застройки;

б) он не должен усложняться сложными геодезическими измерениями и не должен требовать большого математического исчисления или много чертежных работ;

в) он должен быть пригоден для выполнения самим инженер-геологом без включения геодезического отряда;

г) он должен давать однозначно сравнимые, количественно выражаемые показатели и допускать изображение простыми чертежными приемами.

Предполагается, что описанный метод работы удовлетворяет этим требованиям и что он может применяться при дальнейших исследованиях.

Summary

At Helfta, levelling has been used for the first time in the determination of dipping vectors for inclined positions of buildings. This method is designed to complete other geological, geophysical and fine-geodetic methods of investigation, and should satisfy the following demands:

a) Being less expensive in work, the method must quickly yield results in major areas covered with buildings.

b) It must be free from difficult geodetic work, major mathematical-numerical expenditure, and must not require much drawing work.

c) It must be suited for application by the engineering-geologist himself, without calling in a surveying band.

d) It is expected to supply precisely comparable and quantitatively expressible indexes, and to permit a reproduction by simple graphical representation.

It is supposed that the working method described will satisfy these conditions and will apply to other investigations.

Literatur

FULDA, E.: Salzauslaugung. — Jb. Hallesch. Verb. Erforsch. mitteldeutsch. Bodenschätze u. ihre Verwertung, Halle/S. 1924, Vierter Band, Lieferung 2, Seite 369—379.

KAMMERER, F.: Setzungen und Senkungen im Baugrund. — Z. angew. Geol., 6, 4, 177—182 (1960).

— Bericht 1961 über Senkungen und Erdfälle im Raume Mansfelder Seen. — Halle, 30. 4. 1962.

THOMAS, A.: Lageveränderungen und Deformationen von Bauwerken in Auslaugungsgebieten. — Z. angew. Geol., **10**, 6, 306—312 (1964).

Besprechungen und Referate

GAŁKIEWICZ, T.

Zink und Blei — die Weltvorräte

„Rudy i Metale Nieżelazne", Jg. 8 (1963), H. 12, S. 474 bis 478, 6 Tab., 1 Taf.

Folgende genetische Typen von Blei-Zink-Lagerstätten werden unterschieden und kurz charakterisiert:

I. Pneumohydrothermale, hauptsächlich mit submarinem Vulkanismus verbunden und vorwiegend auf das Muttergestein lokalisiert, z. B. Lagerstätten im Altai und im mittleren Kasachstan.

II A. Pneumohydrothermale, in der Hauptsache mit Granodioriten verbunden und bevorzugt in hedenbergitisch-andraditischen Skarnen liegend, z. B. Falun und Bisbee.

II B. Pneumohydrothermale, mit Granodioriten und Monzoniten in Verbindung stehend, teils in den Muttergesteinen, teils in den hydrothermal umgewandelten Nebengesteinen liegend, z. B. Butte, Tintic.

III. Pneumohydrothermale, mit Graniten verbunden und am häufigsten in Silikaten auftretend.

IV. Pneumohydrothermale, mit dem magmatischen Endstadium verknüpft, teils in den Muttergesteinen, teils in propylitisierten Gesteinen liegend, z. B. Trepcza, Madan,

Mehrzahl der Lagerstätten in den Bezirken Chihuahua und Zacatecas.

V. Hydrothermale?, in porösen Karbonatgesteinen oder in Sandsteinen liegend, z. B. Kasachstan, schlesisch-krakauische Lagerstättenprovinz, Pine Point und Mississippi Valley.

VI. Mit basischem Magmatismus verknüpfte, meist sehr kleine Lagerstätten.

VII. An bituminöse Schiefer, Mergel und Kalksteine gebundene, meist mit sedimentären Kupferlagerstätten vergesellschaftet, z. B. Katanga.

Die industriell wichtigsten Lagerstätten sind die Typen V, I, II B und IV.

Gegenüber S. JANKOVIČ, der 1960 die Weltvorräte mit 140 Mill. t Zink und 80 Mill. t Blei angegeben hat, erhöht sich bei GAŁKIEWICZ die Zahl wesentlich. 2% Zink und 1% Blei als die untere Gehaltsgrenze für die Berechnung der Lagerstätten in Ansatz bringend, schätzt er die Weltvorräte an Blei auf 155 Mill. t und an Zink auf 210 Mill t. [Die Weltvorräte an Kupfer belaufen sich — um einen Vergleich zu haben — nach KONSTANTYNOWICZ (1962) auf 327 Mill. t.]

Abb. Blei—Zink—Lagerstätten der Welt
1 — sehr große, 2 — große, 3 — mittlere Vorräte

Die Pb-Zn-Vorräte verteilen sich auf die Erdteile wie folgt:

Kontinent	Vorräte in Mill. t Metall	
	Zink	Blei
Amerika	100	55
Asien	40	40
Europa	40	25
Australien	20	20
Afrika	10	15
Gesamt	210	155

Die einzelnen Länder betrachtend, ergibt sich für die Ressourcen an Zink nachstehende Reihenfolge: 1. Kanada, 2. USA, 3. UdSSR, 4. Australien, 5. Mexiko, 6. Polen, 7. Peru, 8. China, 9. Italien, 10. Westdeutschland und für die Vorräte an Blei: 1. UdSSR, 2. Australien, 3. Kanada, 4. USA, 5. Mexiko, 6. Peru, 7. China, 8. Westdeutschland, 9. Bulgarien, 10. Marokko.

Alle gegenwärtig bekannten sehr großen (> 5 Mill. t Blei oder Zink) und großen (500 Tt bis 5 Mill. t) sowie einige mittlere Lagerstätten (50—500 Tt) sind auf der Abbildung eingetragen.

W. JUNG

POTEMKIN, K. W., & A. N. SPIZIN

Seltene Elemente in ausländischen Seifen

Verl. Akad. Wiss. UdSSR, Moskau 1963

Die beiden Mitarbeiter des Moskauer Akademie-Instituts für Mineralogie, Geochemie und Kristallchemie seltener Elemente haben in der vorliegenden Broschüre auf knapp 100 Seiten die wichtigsten Merkmale und Besonderheiten zahlreicher außersowjetischer Seifenlagerstätten zusammengefaßt, um — wie sie im Vorwort betonen — den sowjetischen Geologen einen gegenüberstellenden Vergleich der entsprechenden Lagerstätten ihres Landes mit denen anderer Länder zu erleichtern.

Nach einleitenden Bemerkungen über Begriffsbestimmungen, industrielle Minimalkonzentrationen und Fragen der Klassifikation werden, nach Ländern getrennt, die wirtschaftlich bedeutendsten Seifenlagerstätten seltener Elemente in Europa, Asien, Afrika, Nord- und Südamerika sowie Australien besprochen. Die Beschreibungen sind i. a. sehr kurz gehalten und auf das Wesentlichste beschränkt. In der Regel umfassen sie Mitteilungen über die geologische Position und das Alter der Lagerstätte, über die mineralogische Zusammensetzung und den Aufbau (Schichtenfolge, Mächtigkeit) der erzführenden Horizonte sowie über die Vorräte der Lagerstätten. In den meisten Fällen werden außerdem Angaben zu den primären Ursprungsgesteinen oder -lagerstätten und zur Bildungsgeschichte der Seifen gemacht. Ein Quellenverzeichnis mit mehr als 170 Titeln gestattet dem interessierten Leser die Auswahl zusätzlicher Literatur zu Detailfragen.

Wenn auch das Büchlein bewußt auf Einzelheiten verzichtet und dem Leser nur einen Überblick vermitteln will, wird doch das gänzliche Fehlen von Profil- und Kartenskizzen als ein gewisser Mangel empfunden.

Die Arbeit kann bergwirtschaftlich und wirtschaftsgeographisch interessierten Geologen als instruktives Übersichtsmaterial empfohlen werden.

E. HARLASS

RAFALSKIJ, R. P., & K. F. KUDINOWA

Experimentelle Untersuchung der Abscheidungsbedingungen von Uranoxyden aus hydrothermalen Lösungen

„Geol. rudn. mest.", Nr. 6 (1962), S. 46—53

In zahlreichen hydrothermalen Uranlagerstätten, u. a. auch in denen des Westerzgebirges (vergl. JANISCHEWSKIJ/KONSTANTINOW in Z. angew. Geol., H. 3/1962, S. 124), wurde ein enger räumlicher und genetischer Zusammenhang zwischen den Uranerzfällen und dem Charakter des Nebengesteins beobachtet. Reicherzfälle von Pechblende traten vor allem dort auf, wo die Gänge pyritführende, kohlenstoffführende, hornblende- oder biotitreiche u. a. Gesteine durchsetzen. Viele Autoren rechnen deshalb mit einem Transport des Urans in sechswertiger Form und erklären sich die Erzausfällung mit einer Reduktion des U (VI) bei gleichzeitiger Oxydation des Fe (II) bzw. des Sulfid-Schwefels oder Kohlenstoffs etwa nach folgendem Schema:

$$U^{6+} + 2\,Fe^{2+} \rightarrow U^{4+} + 2\,Fe^{3+}$$

Verf. haben sich in der sehr interessanten Arbeit die Aufgabe gestellt, diese Vorstellungen experimentell zu überprüfen und insbesondere den Einfluß des pH-Werts und die Zusammensetzung der Lösung sowie die Zusammensetzung des ausfällenden Minerals auf die Formen der Uranoxyd-Ausscheidungen zu untersuchen.

Als reduzierende und ausfällend wirkende Minerale wurden Pyrit, Galenit, Magnetit, Siderit, ged. Arsen und Hornblende, also Vertreter der verschiedensten Verbindungstypen, benutzt. Die Lösungen enthielten Uranylsulfat (im sauren Bereich) bzw. Natriumuranat (im schwach sauren bis neutralen Bereich). Teilweise wurde mit karbonatischen Lösungen gearbeitet (Bildung von Uranyl-Karbonat-Komplexen!).

Die Versuchsergebnisse zeigen, daß die Zusammensetzung und die Form der Reduktionsprodukte des sechswertigen Urans im sauren Medium (pH 3,5) von den chemischen Eigenschaften der als Reduktionsmittel verwendeten Minerale abhängen. Es wird jeweils feinkristallines U_3O_8 oder UO_2 gebildet. Letzteres fällt entweder in Form von Kristallen (Uraninit) oder als kollomorphe Abscheidungen (Pechblende) bzw. in Form lockerer pulveriger Niederschläge (Uranschwärze) aus. Demgegenüber wird bei der Reduktion von sechswertigem Uran im schwach sauren oder neutralen Medium (pH 5—7) stets kollomorphes Urandioxyd gebildet. Die Zusammensetzung der Lösungen und anscheinend auch deren Urankonzentration üben dabei keinen merklichen Einfluß auf die Formen der UO_2-Abscheidungen aus. Das gleiche gilt praktisch auch für die ausfällenden Minerale. Die Bildung von kollomorphem Urandioxyd hängt nicht von deren Zusammensetzung ab. Lediglich die Geschwindigkeit, mit der die Reduktionsprozesse ablaufen, wird von den Eigenschaften der Minerale bestimmt.

Die Meinung, wonach sechswertiges Uran durch zweiwertiges Eisen in natürlichen hydrothermalen Karbonatlösungen nicht reduziert werden kann (NAUMOW), wurde durch die Experimente nicht bestätigt. Ebenso wurde die Anschauung widerlegt, daß der kollomorphe Bau der Pechblende unbedingt auf einen Transport des Urans in Form kolloidaler Lösungen und damit auf relativ hohe Metallkonzentrationen im hydrothermalen System hinweise. Die Resultate zeigen deutlich, daß eine Abscheidung von Urandioxyd mit typisch kollomorphen Formen aus Lösungen vor sich gehen kann, deren Urankonzentration hundertstel oder sogar tausendstel g/l beträgt. E. HARLASS

SNARSKIJ, A.

Bildungsbedingungen der Gaslagerstätten im Thüringer Becken

„Freiberger Forsch.-H.", C 165, Erdölgeologie, Leipzig 1963, 42 S., 8 Bilder, 11 Tab., MDN 8,90

Der Verfasser untersuchte in dieser leider nur sehr kurz gehaltenen Abhandlung die Entstehung der im Thüringer Becken auftretenden Erdgase, vor allem der Kohlenwasserstoffe, des Stickstoffs, des Wasserstoffs und des Kohlendioxyds. Als Ausgangspunkt und Grundlage seiner Ausführungen und Überlegungen dient ihm eine stratigraphische und tektonische Analyse des geologischen Baus dieses Gebiets und seiner Umrandung. Wie er selbst einleitend betont, gestatten ihm die teils schlechten, teils unvollständigen und oft nicht miteinander vergleichbaren bisherigen Untersuchungs- und Beobachtungsergebnisse nur eine schematische Abhandlung dieses äußerst interessanten Problems.

Er kommt unter Apostrophierung vieler, leider noch offenstehender Fragen zu dem Schluß, daß sich trotz des geologisch sehr komplizierten Baus der Lagerstätten Thüringens gewisse Gesetzmäßigkeiten erkennen lassen. Von den Kohlenwasserstoffgasen beispielsweise könne man mit Sicherheit behaupten, daß sie aus organischem Material der Zechsteinsedimente entstanden seien, während sich die nicht brennbaren Gase im Prozeß der Gesteinsmetamorphose entwickelten.

Diese Arbeit ist nicht nur bedeutungsvoll als Exempel zur Klärung des wichtigen Problems der Lagerstättenbildung allgemein, sondern vor allem auch wegen der praktischen Folgerung, die sich hinsichtlich der veränderlichen Zusammensetzung der Gase beim Abbau der Lagerstätten ergeben. K. KAUTER

DAVIS, C. R.

Computers help find oil

„The Oil and Gas Journ.", **61** (1963), 41, S. 222—226, 6 Abb., 3 Lit.

Anhand der Bohrlochmessungen dreier Erdölbohrungen aus Westtexas werden das „movable oil concept" und die Interpretation der Messungen mittels eines Computers demonstriert. Schichtwasser, Bohrspülung und Spülungsfiltrat sind nahezu salzgesättigt und haben spezifische Widerstände zwischen 0,035 und 0,05 Ohmmeter. Daher wurde das Salzspülungs-Meßprogramm, bestehend aus Akustiklog, Laterolog (LL-3) und Mikrolaterolog (MLL) angewandt. Mittels „sonic-resistivity plot" (d. i. Gegenüberstellung der akustischen Intervallaufzeit Δt auf linearer und des LL- bzw. MLL-Meßwertes auf hyperbolisch geteilter Skala mit dem Diagramm eingezeichneten Linien für verschiedene Wassersättigungen von 0 bis 100%) werden die Wassersättigungen in der Infiltrationszone und im tieferen, nichtinfiltrierten Gebirge ermittelt. Die Differenz beider gibt das „movable oil", die bei der Förderung gewinnbare Ölsättigung.

Des Vergleichs halber wurde die Rechnung sowohl punktweise in herkömmlicher Art vom Geophysiker wie auch kontinuierlich mittels eines Analogrechners ausgeführt. Trotz geringfügiger Abweichungen im Rechengang liefern beide Verfahren im wesentlichen die gleichen Ergebnisse. Die produktiven Zonen werden anhand ihrer Ölsättigungen klar erfaßt. Teste dieser Horizonte bestätigten die Ergebnisse. Die „maschinelle" Interpretation weist jedoch eindeutige Vorzüge auf, da sie unvergleichlich schneller abläuft und keine Horizonte ausgelassen werden, wie das bei der punktweisen manuellen Interpretation vorkommt, die sich notwendigerweise auf einzelne Bereiche beschränken muß.

K. LEHNERT

SUTTON, E. W., & J. C. ALBRIGHT

Eine neue Methode lokalisiert Wassereintrittszonen in Ölbohrungen

„World Oil", Houston 1963, Bd. 157, 4, S. 73—78, 4 Abb.

Es wird ein Verfahren beschrieben, durch das radioaktiv markiertes Öl in die offene Bohrung eingepreßt wird. Dieses Öl mischt sich mit dem Lagerstättenöl in den Ölzonen, es wird während der Probeförderung entfernt. Dagegen bleibt in Wasserzonen das markierte Restöl, das sich mit dem Wasser nicht mischt, in der Lagerstätte. Vor und nach dem Produktionsversuch wird eine Gammabohrlochmessung durchgeführt, die die Wasserzonen kenntlich macht.

R. MEINHOLD

JEROWSKI, J. J.

Das Auflösungsvermögen des Gaslogs

Verl. Nedra, Moskau 1964, 60 S., 34 Lit., 51 Abb., 20 Tab.

Bei den Erkundungsarbeiten auf Erdöl und Erdgas nehmen die geochemischen Methoden einen nicht unbedeutenden Platz ein. Zu ihnen gehört das Gaslog, mit dessen Hilfe nicht nur Lagerstätten von Kohlenwasserstoffen lokalisiert, sondern auch der Charakter der Gase bestimmt werden können.

Lange Zeit erschöpfte sich die Anwendbarkeit dieser Methode im Lokalisieren der KW-Anreicherungen. Heute genügt das nicht mehr, es interessieren der Charakter der Kohlenwasserstoffe und der Sättigungsgrad ihres Speichergesteins. Die zur Lösung dieser Aufgaben notwendigen Grundlagen werden vom Autor der vorliegenden Arbeit behandelt. Dazu gehören:

1. Erforschung der Gaskomponenten und ihres physikalischen Zustands in verschiedenen Teufen unter den entsprechenden Bedingungen;
2. Mechanismus des Zutritts von Kohlenwasserstoffen aus dem Speichergestein in die Bohrspülung;
3. Charakter ihrer quantitativen und qualitativen Veränderung während des Durchteufens der öl- oder gasführenden Schicht; ihr Transport von der Schicht bis zur Oberfläche;
4. Einwirkung verschiedener geologisch-technischer Faktoren auf den Gasgehalt der Bohrspülung.

Diese Tatsachen beeinflussen im wesentlichen das Auflösungsvermögen des Gaslogs und kennzeichnen gleichzeitig seine Grenzen.

Besondere Aufmerksamkeit widmet der Autor den Fragen der dem Bohrmeißel vorauseilenden Infiltration der Bohrspülung in das Speichergestein. Ihre Geschwindigkeit hängt ab von der Permeabilität des Gesteins, der Wasserabgabe der Bohrspülung, der Größe der Tonteilchen u. a. m. Die Gegenüberstellung von Meßwerten der Infiltrationsgeschwindigkeit mit Bohrfortschrittswerten zeigt, daß der Bohrmeißel in ölführenden Schichten meistens der Infiltration vorauseilt, in gasführenden Speichern wird ein entgegengesetzter Effekt erwartet.

Der Verf. geht in seiner Arbeit auf die Forschungsergebnisse westeuropäischer und amerikanischer Autoren, wie C. Ferguran, J. Klotz, W. v. Engelhardt u. a., ein und schafft damit eine recht interessante Diskussionsgrundlage für viele z. T. noch nicht vollständig geklärte Fragen des Gaslogs. K. Bendzko

Smith, G. H., & M. M. Ellis

Chromatographische Analyse von Gasen aus dem Boden und von der Vegetation in Hinsicht auf geochemische Erdölprospektion

„Bull. Amer. Assoc. Petrol. Geol.", Tulsa 1963, Jg. 47, 11, S. 1897–1903, 2 Abb.

Einer chromatographischen Analyse mit einer Empfindlichkeit von 1:1000000 wurden Gase unterzogen, die durch Erhitzung von Böden und Pflanzen gewonnen wurden. Es konnten höhere paraffinische und olefinische Kohlenwasserstoffe erkannt werden. Viele Gase aus Bodenproben entsprachen denen aus Pflanzenwurzeln. Bei der geochemischen Prospektion muß deshalb damit gerechnet werden, daß ein starker Überlagerungseffekt auftritt, wenn der Einfluß der Vegetation nicht eliminiert wird.

R. Meinhold

Leonidowa, A. J., & E. M. Solowjew

Regulierung der Wasserabgabe von Zementschlämmen

„Neftj. chosj.", Nr. 8 (1963), S. 22–26

Der Einfluß verschiedener Zusätze zur Zementschlämme auf die Wasserabgabe wird bei einem Druckabfall von 50 atü untersucht. Die Proben werden bei einer Drehzahl von 2800 U/min 40 min gerührt, danach die Wasserabgabe gemessen.

Die verwendeten Zusätze gliedern sich in 3 Gruppen auf:

1. oberflächenaktive Stoffe, sog. Plastifikatoren, die es gestatten, das Wasser-Zement-Verhältnis zu senken,
2. hochmolekulare Zusätze, wie CMC-Produkte, die die Viskosität der Schlämme erhöhen,
3. mineralische Zusätze, wie Bentonit, Puzzolane, die eine hohe Wasserbindung aufweisen.

Die Untersuchungen wurden bei verschiedenen Temperaturen durchgeführt, wobei 3 Parameter bestimmt wurden, und zwar a) die anfängliche Wasserabgabegeschwindigkeit (ca. 25% des Filtrats), b) das gesamte Wasserabgabevolumen und c) die Wasserabgabeperiode.

Über ihre Wirkung auf die Wasserabgabe kann man die chemischen Zusätze in 2 Gruppen einteilen: in solche, die die anfängliche Wasserabgabe senken und die Abgabeperiode verlängern, dazu gehören Sulfat-Äther-Cellulose und Polyvinylacetat, und solche, die die Anfangswasserabgabe beibehalten und das gesamte Volumen etwas verringern, wie die CMC-Produkte. Gut ist auch der Einfluß mineralischer Zusätze, wie Puzzolane, wo die Anfangswasserabgabe merklich gesenkt wird. Bei Erhöhung der Temperatur steigen die Wasserabgaben teilweise stark an. Zementschlämmen mit geringer Wasserabgabe verbessern die Qualität der Zementationsarbeiten und verhindern viele Mißerfolge.

K. Schulze

Kerr, S. D. jr., & A. Thomson

Ursprung der knotigen und geschichteten Anhydrite in permischen Schelfsedimenten, Texas und Neumexiko

„Bull. Amer. Assoc. Petrol. Geol.", Tulsa 1963, Jg. 47, 9, S. 1726 – 1732, 14 Abb.

Die Anhydrite, die den Zechsteinanhydriten in Deutschland entsprechen, werden beschrieben. Um ihre Entstehung zu erklären, hat der Autor die Flats an der Lagune Madre (Südspitze von Texas, Golfküste) studiert. Das Wasser der Lagune wird zeitweise über die Flats gespült, durch Verdunstung konzentriert sinkt es in den Schlamm ein, und es wird Gips ausgefällt. Es kommen Gipsrosetten und -blätter vor. Der Verfasser fand in den permischen Anhydriten Pseudomorphosen solcher Rosetten und Blätter und folgert daraus einen gleichen Ursprung wie in den rezenten Flats.

R. Meinhold

Biermann, M., & K. Kirschke

Rheologie

„VDI-Zeitschrift", **105** (1963), 30, S. 1425–1429

Verfahrenstechnische Verformungsvorgänge laufen nicht immer nach den klassischen Gesetzen der Mechanik ab, sondern es überwiegen die Vorgänge, die verwickelten Gesetzen folgen. Es ist die Aufgabe der Rheologie (Fließkunde), die Beziehungen zwischen den Kräften und den Bewegungen der zusammenhängenden Materie zu erforschen. Von 1960 bis 1962 sind rund 500 veröffentlichte Abhandlungen erschienen, die in dankenswerter Weise von den Verf. analysiert und wovon allein 117 hier eingeordnet und angeführt werden.

Die Nomenklatur aller rheologischen Begriffe ist noch nicht abgeschlossen, es liegen aber brauchbare Klassifikationen vor. Die Gliederung der Arbeiten erfolgt nach der Makro- und Mikrorheologie, in einem abschließenden Abschnitt werden die neusten Meßmethoden angeführt.

B. Heyne

Hollman, F., J. W. Janda & K. Rode

Das tektonische Kartenwerk des Aachen–Limburger Steinkohlenbezirks

Geol. Inst. Rhein.-Westf. Techn. Hochschule, Aachen 1963, 16 Karten i. M. 1:25000, Erläuterungsheft 49 S.

Vom Geologischen Institut der Rheinisch-Westfälischen Technischen Hochschule Aachen wurde in Zusammenarbeit mit der Montangeologischen Arbeitsgemeinschaft für die westdeutschen Steinkohlengebiete ein tektonisches Kartenwerk des Aachen–Limburger Steinkohlenbezirks herausgegeben. Dieses Werk umfaßt insgesamt 16 Karten im Maßstab 1:25000, 5 Höhenlinienkarten von 2 Flözen, 5 Grundrißkarten des produktiven Karbons in zwei verschiedenen Höhenlagen, nämlich im Niveau ± 0 m und -500 m, und 6 Profilkarten mit ortsrichtig eingetragenen Längs- und Querschnitten. Die Höhenlinienkarten enthalten die Höhenlinien im Abstand von 100 m, die Ausbißlinien gegen das mesozoisch-känozoische Deckgebirge bzw. die Tagesoberfläche, die Kreuzlinien mit den Störungen sowie die Sattel- und Muldenlinien. In die Grundrißkarten wurden die Streichlinien der Leitflöze und Störungen, die Schnittlinien mit den Sattel- und Muldenachsenebenen sowie die Grenzlinien zwischen Karbon und Deckgebirge, in die Profilkarten die Schnittlinien mit den Leitflözen und Störungen, die Höhenlinie ± 0 m und die Grenzlinie zwischen Karbon und Deckgebirge sowie die Schnittlinie zwischen beiden bzw. der Tagesoberfläche eingetragen.

Im Erläuterungstext wurde kurz auf den tektonischen Bau des Aachen–Limburger Steinkohlenbezirks eingegangen. NE–SW streichende Großstörungen (Aachener Wechsel, Willem-Adolf-Alexander-Störung, Oranje-Störung und 70-m-Störung) teilen das gesamte Gebiet in 5 Längsschollen (Anna-, Carolus-, Hendrik- und Limburg-Scholle). Durch jüngere, NW–SE gerichtete Bruchstörungen (Heerlerheide-Störung, Feldbiß bzw. Münster Gewand, Sandgewand, Puffendorfer Sprung und Rursprung) werden diese wiederum in einzelne Querschollen (Lousberg-, Kohlscheider-, Alsdorf-Herzogenrather-, Baesweiler- und Aldenhovener Scholle) untergliedert.

Erwähnt werden muß noch, daß dieses interessante Kartenwerk **nicht** im Buchhandel erscheint, sondern – allerdings nur in beschränkter Zahl – gegen Einsendung einer Gebühr von DM 5,– für Verpackung und Versand vom Geologischen Institut der Rhein.-Westf. Techn. Hochschule Aachen, Templergraben 55, bezogen werden kann. D. Franke

Feys, R.

Étude Géologique du Carbonifère Briançonnais (Hautes-Alpes)

Editions Technip, Paris 1963, Mémoires du Bureau de Recherches Géologiques et Minières, No. 6

Diese Monographie der hochalpinen Steinkohlenvorkommen von Briançon stellt eine sehr sorgfältige und ausführliche Beschreibung der karbonischen und permokarbonischen Anthrazitvorkommen der Westalpen in diesem Gebiet dar. Zuerst wird kurz und präzis die stratigraphische

Stellung dieses Vorkommens beschrieben. Dann schließt sich nach kurzer Beschreibung der petrographisch-angewandten Methoden eine zusammengefaßte kohlen-petrographische Charakteristik der dort auftretenden Anthrazite an. Sie werden besonders in den auf Tafeln beigefügten Abbildungen kohlen-petrographischer Anschliffe erläutert. Interessant sind dabei vor allem die diskutierten Fragen nach der Anthrazitbildung und die Beziehungen von Intrusivgesteinen zu diesen metamorph beeinflußten Kohlen. Die Intrusivgesteine bestehen aus Mikro-Graniten, die reich an Bitumen und Kalk, aber arm an Kali sind. Zwei Tendenzen werden in ihnen erkannt:

1. ein mehr sauer Typ, der arm an Fe-Mg-Mineralien ist (al > fm),
2. ein Typ, der relativ arm an Kieselsäure ist und Anreicherung von Fe-Mg-Mineralien aufweist (wobei fm deutlich größer als al ist).

Die Lage der Intrusionen zu der Kohle und ihr Einfluß auf die Kohlen werden in vielen Bildern beschrieben. Naturkoks- und Graphitbildung ebenso wie viele andere kokspetrographische Besonderheiten werden in schönen Abbildungen demonstriert. Daraus läßt sich ein Schema entwickeln, wobei die verschiedenen ursprünglichen Materialien, gruppiert in Cutinkohle und Ligno-Zellulose-Kohle, die sich bei normaler Entwicklung in Fett- und in Flamm- bzw. Kokskohle verändern, durch das Intrusivgestein auf dem Wege des thermischen Effektes in Naturkoks oder gleichzeitig durch Regionalmetamorphose zu Peranthraziten umgewandelt werden. Die Rolle der Tektonik bei der Umbildung der Kohle wird in den verschiedenen Teilen des Beckens von Briançon sehr ausführlich beschrieben. Hervorzuheben ist, daß diese Einzelbeschreibungen der Teilgebiete durch eine Fülle von sehr schönen und instruktiven Zeichnungen und photographischen Abbildungen erläutert werden.

Zusammenfassend kann gesagt werden, daß die Arbeit eine vorbildliche Monographie des beschriebenen Objektes darstellt, das wegen seiner geologisch einzigartigen Stellung für viele Fragen der Kohlenmetamorphose die Beantwortung gibt. Dabei werden viele grundsätzliche Fragen kohlen-petrographischer Art diskutiert. Die Arbeit liefert damit einen sehr wertvollen Beitrag zur Geologie und kohlenpetrographischen Deutung anthrazitischer und graphitischer Kohlenvorkommen. E. Kautzsch

Matheron, G.

Traité de géostatistique appliquée, tome II: Le Krigeage

„Mémoires du Bureau de Recherches géologiques et Minières", Nr. 24, Éditions Technip, Paris 1963, 172 S., frs. 50,—

Dieses Werk ist der zweite Band einer Reihe, welche der Autor verfaßt hat, um die Anwendung der mathematischen Statistik auf geologische und lagerstättenkundliche Probleme darzustellen. Der erste Band erschien 1962 als Nr. 14 der obengenannten Reihe. Im vorliegenden Band wird die „Krigeage" behandelt, ein Verfahren, das auf den Autor D. A. Krige zurückgeht. Es stellt eine statistische Methode dar, um jeder Probe innerhalb und außerhalb eines als bauwürdig angesehenen Lagerstättenteils ein exaktes Gewicht zu geben, wobei die Entfernung der Probe von der Zone berücksichtigt wird, für die man die Gehalte (z. B. an Metall) errechnen will. Damit sollen vor allen Dingen systematische Fehler ausgeschaltet werden, die bei Mittelbildung unabwendbar sind. Hat man eine bauwürdige Zone ausgewählt, dann ist die Varianz der wahren Gehalte immer kleiner als diejenige der Proben innerhalb einer als ausbeutbar ausgewählten Zone. Dadurch wird der Gehalt in der ausgewählten Zone überschätzt. Die „Krigeage" vermindert die Varianz und berücksichtigt auch die Gehalte der äußeren Aureole, die vielgestaltig in die bauwürdige Zone übergreift. Voraussetzung für die Anwendung sind ein homogenes Medium und eine definierbare, stetige Verteilung des gesuchten Gehaltes. Der Fall einer unstetigen Verteilung (Knollen, Knauer) soll in einem dritten Band behandelt werden.

Zur Erleichterung der Anwendung wurden viele Kurven und Diagramme errechnet. Es werden folgende Modelle behandelt: quadratisches Bohrnetz, Dreiecksanordnungen, Polygone, diskontinuierliche Krigeage in Grubenbauen sowie kontinuierliche Krigeage.

Das Buch ist eine wesentliche Bereicherung auf dem Gebiet der Vorratsberechnung. Die Ableitungen erfordern allerdings mehr Kenntnisse der mathematischen Statistik, als sie einem Geologen normalerweise zur Verfügung stehen, doch erleichtern die einfachen Endformeln und die Diagramme die Anwendung. Meinhold

Richter, D.

Der geologische Bau des südwestlichen Teiles des Massives von Stavelot (Belgien) unter besonderer Berücksichtigung seiner tektonischen Prägung

„Forsch.-Ber. Nordrhein-Westfalen", Nr. 1203, Köln und Opladen: Westdeutscher Verlag 1964. 83 S., 23 Abb., 15 Fig.

Im mitteleuropäischen Raum sind Gebiete, die deutlich eine zweifache alpinotyp-orogene Beanspruchung aufweisen, recht selten. Nahm man bisher z. B. für das Heiligkreuzgebirge, die Westsudeten und teilweise auch den Harz kaledonische und variszische Faltung an, so weisen heute die neuen stratigraphischen Erkenntnisse insbesondere aus dem Silur/Devon-Grenzbereich darauf hin, daß hier allein die variszische Gebirgsbildung strukturbildend wirkte, von einer kaledonischen Orogenese dagegen nichts bzw. kaum etwas zu sehen ist. Anders ist dies in den Ardennen. Hier existiert nicht nur eine echte prädevonische Schichtlücke, sondern es lassen sich auch im tektonischen Bau eindeutig zwei altersverschiedene Deformationen unterscheiden. Das Massiv von Stavelot und sein devonischer Mantel sind dafür ein gutes Beispiel.

Als Einführung wird kurz auf die stratigraphischen Verhältnisse eingegangen. Den Kern des Massivs bilden die präordovizischen Revin- und die tremadocischen Salm-Schichten, seinen Mantel Gesteine des Gedinne, Siegen und Unterems. Welche tektonischen Deformationsbilder beide Einheiten — kaledonischer Kern und variszischer Mantel — zeigen, behandelt Verf. in den nächsten Abschnitten. Neben den Großstrukturen wird insbesondere das kleintektonische Inventar (Kleinfaltenbau, Schiefrigkeit u. a.) eingehend beschrieben. Kern und Mantel lassen Unterschiede in der Ausbildung sowie im Verlauf der einzelnen Gefügeelemente erkennen.

Obwohl es zu begrüßen ist, daß mit der vorliegenden Abhandlung nunmehr auch im deutschsprachigen Schrifttum eine moderne Darstellung des geologischen Baus dieses interessanten Gebiets erschien, kann Ref. nicht umhin, auf die kritischen Bemerkungen, die F. Geukens in der „Geol. Rdsch.", Bd. 52, zu dieser Arbeit machte, hinzuweisen.

D. Franke

Neuerscheinungen und Literaturhinweise

Nagibina, M. S.
Tektonik und Magmatismus des Mongolisch-Ochotskischen Gürtels
Verl. AN SSSR, Arbeiten des Instituts für Geologie, 79. F., Moskau 1963, 464 S.

Saks, W. N., u. a.
Stratigraphie des Jura- und Kreidesystems im Norden der UdSSR
Verl. AN SSSR, Moskau—Leningrad 1963, 228 S.

Autorenkollektiv
Die regionale Entwicklung der Verwitterungskruste in der UdSSR
Verl. AN SSSR, Moskau 1963, 320 S.

Autorenkollektiv
Chemie der Erdkruste
Verl. AN SSSR, Moskau 1963, 430 S.

Dziedzic, K.
Die Parallelisierung der Schichten des Rotliegenden im Gebiet von Nowa Ruda (Neurode) und Swierzawa (Schönau)
Übers. aus: Kwartalnik Geologiczny, 3 (1959), 4, S. 831—844.

Galperin, E. J., & J. P. Kosminskaja
Besonderheiten der Methodik der seismischen Tiefensondierung auf dem Meer
Übers. aus: Iswestija AN SSSR, Ser. geofis. (1958), 7, S. 833—847.

Zeitschrift für angewandte Geologie, Bd. 10 (1964), Heft 12

Nachrichten und Informationen

Erdöl/Erdgas

Eine neue Schätzung der Welterdölreserven

Nach einer vom US Geological Survey übernommenen Schätzung des amerikanischen Geologen A. D. ZAPP können über die bekannten gewinnbaren Erdölvorräte von 41 Mrd. t hinaus wahrscheinliche Weltvorräte von 548 Mrd. t angenommen werden. Von den bekannten Vorräten befänden sich danach 16% in den USA, 65% im Nahen Osten, 6% in Venezuela und 10% in den sozialistischen Ländern. Bei den wahrscheinlichen Vorräten sei mit einem Anteil der sozialistischen Länder von 25% zu rechnen. Bei dieser Schätzung sind auch die Kontinentalschelfe mit einbezogen.

Die in Kanada und den USA in Teersanden enthaltenen Ölvorräte werden mit 5,5 Mrd. t (davon 5,2 Mrd. t in Kanada), die wahrscheinlichen Weltvorräte mit 137 Mrd. t angegeben. An Schieferölreserven sollen 20,5 Mrd. t gesichert und 1900 Mrd. t zu vermuten sein. An Erdgasvorräten werden $50 \cdot 10^{12}$ m³ als bekannt und $538 \cdot 10^{12}$ m³ als möglich verzeichnet. 4 Mrd. t bekannte und 60 Mrd. t vermutete Kondensatreserven kommen noch hinzu. —HAVEMANN—

Prognose der Erdgasvorkommen in der UdSSR

An der kürzlich von der Sowjetunion veröffentlichten Schrift „Prognose der Erdgasvorkommen in der UdSSR" sind 18 bekannte sowjetische Spezialisten beteiligt. Nach den Ansichten dieser Experten sind 11 Mill. km² (d. h. rd. die Hälfte der UdSSR) erdöl- und erdgashöffig. Die bereits erschlossenen Erdgasvorräte werden auf 2786 Mrd. m³, die potentiellen Erdgasquellen auf 60000 Mrd. m³ beziffert.

—DRESSEL—

Die chilenische Erdöl- und Kohlengewinnung

Die chilenische Erdölgewinnung beschränkt sich auf die Halbinsel Feuerland und die Provinz Magallanes. Sie begann im Jahre 1950 und deckt z. Z. etwa 70% des Bedarfs. Die Verarbeitung des Erdöls erfolgt in Chile. Geologische und geophysikalische Sucharbeiten auf Erdöl erfolgen z. Z. in den Provinzen Nuble und Llanquihue.

In den Provinzen Concepcion, Arauco, Valdivia und Magallanes liegen die chilenischen Kohlenlagerstätten. Die in Concepcion und Arauco abgebauten Steinkohlen betragen etwa 95% der Gesamtproduktion des Landes. In den westlichen Provinzen gelangen nur Braunkohlen zum Abbau.

Die Erdöl- und Kohleförderung des Landes zeigt von 1950—1962 folgende Entwicklung („Erzbergbau und Metallhüttenwesen", 6/1964):

Jahr	Förderung 1000 m³ Rohöl	Index	Förderung 1000 t netto Kohle	Index
1950	100	100	1995	100
1951	121	120	1999	100
1952	145	144	2209	111
1953	200	200	2144	107
1954	276	276	2117	106
1955	410	409	2118	106
1956	563	563	2097	105
1957	689	689	1920	96
1958	885	885	1826	91
1959	1022	1022	1738	87
1960	1150	1155	1365	68
1961	1473	1473	1622	81
1962	1858	1858	1855	93

—DRESSEL—

Fündige Erdgasbohrungen im Buntsandstein Westdeutschlands

Im Weser-Ems-Gebiet wurden (nach „Erdöl-Zeitschrift", Wien, Juni 1964) vier Bohrungen im Mittleren Buntsandstein erdgasfündig, und zwar die Pionierbohrungen Barrien 2 T, Apeldorn T 1 und Hemmelte Z 1 sowie die Erweiterungsbohrung Siedenburg Z 2. 34036 Bohrmeter wurden insgesamt im April 1964 in Westdeutschland abgeteuft. Mehr als zwei Drittel davon (23487 m) entfielen auf Aufschluß- und Erweiterungsbohrungen. Von 20 Tiefbohrungen, die vollendet wurden, waren 11 öl- oder gasfündig.

—HAVEMANN—

Kohle

Die Braunkohle in Westdeutschland

Obgleich in Westdeutschland andere Energiequellen ausgiebig zur Verfügung stehen, hat dort auch die Braunkohle wegen ihrer vorteilhaften Gewinnbarkeit und ökonomischen Verwendbarkeit große Bedeutung erlangt. 1963 belief sich die Stromerzeugung in den westdeutschen öffentlichen Kraftwerken auf Braunkohlenbasis auf 33,7 Mrd. kWh und betrug damit 37,8% der Gesamtstromerzeugung von 89,2 Mrd. kWh. Das bedeutete eine Steigerung gegenüber dem Vorjahr um 10,5%, die allerdings durch den Ausfall der Wasserkräfte in dem strengen Winter 1962/1963 mitbedingt war.

Westdeutschland besitzt Braunkohlenvorräte von etwa 60 Mrd. t. Nach dem heutigen Stand der Technik sind jedoch davon im Rheinland nur 8 Mrd. t, in Niedersachsen 230 Mill. t, in Hessen 170 Mill. t und in Bayern 140 Mill. t gewinnbar.

Die Förderung stieg 1963 auf 106,7 Mill. t, wovon das Rheinland allein 90,1 Mill. t, Niedersachsen 6,8 Mill. t, Bayern 5,7 und Hessen 4,1 Mill. t lieferte. Die Hauptabnehmer waren die Brikettfabriken, die 48 Mill. t, und die Kraftwerke, die 53 Mill. t verbrauchten, während die Direktverwendung von Rohbraunkohle gering blieb. Die Situation für die westdeutsche Braunkohle, die sich bisher auf Grund der Entwicklung der modernen Fördertechnik im Tagebau (Schaufelradbagger) günstig gestaltete, wird sich jedoch in Zukunft verschlechtern, da die flachliegenden Flöze größtenteils erschöpft sind und der Abraum von wesentlich höherem Deckgebirge erforderlich wird. Das Abraum:Kohle-Verhältnis (A:K), das 1956 noch 1:1 war, ist 1963 auf 2:1 angestiegen. Die fortschreitende Rationalisierung der Fördermethoden reicht nicht aus, um diesen Nachteil auszugleichen. Im Rheinland sind die Tagebaue zu großen Einheiten kon zentriert worden. Die Tagebaue Fortuna und Frimmersdorf erzielen dort Jahresförderungen von 25 bzw. 20 Mill. t. Die Förderleistung pro Mann und Schicht beträgt 46 t = 13,5 t SKE. Die Kraftwerke auf Braunkohlenbasis verbrauchen durchschnittlich 1,5 kg Rohbraunkohle = 2700 Kilokalorien je Kilowattstunde („Der Volkswirt", Köln, 3. 7. 1964, Sonderheft „Energiewirtschaft im Wandel").

—HAVEMANN—

Stein- und Braunkohle 1963 in Westdeutschland

Die westdeutsche Steinkohlenförderung ist 1963 mit 142116000 t gegenüber 141135600 t (1962) um 980400 t angestiegen. Die Produktion von Zechenkoks ging jedoch von 35951300 t (1962) auf 35111900 t zurück. Einen Anstieg zeigt wiederum die westdeutsche Braunkohlenförderung, sie erhöhte sich von 101250500 t (1962) auf 106657700 t. Der westdeutsche Kohlenexport betrug 1963 30596000 t, 297000 t mehr als 1962 („Bergbau-Wissenschaften", Nr. 4, 1964). —HAVEMANN—

Die Steinkohlenförderung in Lothringen

Die Steinkohlenflöze im lothringischen Revier, das mit dem Saarrevier in Zusammenhang steht, haben sich bei gesteigertem Abbau in den vergangenen Jahrzehnten als immer ergiebiger erwiesen. Die Förderung betrug 1900 nur 0,6 Mill. t, 1914 4 Mill. t, 1939 7,5 Mill. t und ist jetzt auf 14 bis 15 Mill. t angestiegen („Bergbau-Wissenschaften", Nr. 4, 1964). Die Vorräte werden gegenwärtig auf rund 2 Mrd. t geschätzt. Sie sollen bei dem jetzigen Abbau für zwei Jahrhunderte ausreichen. —HAVEMANN—

Entwicklung der Lignitkohlenförderung in den Jahren 1960 bis 1980 in Bulgarien

	1960	1965	1970	1975	1980
Förderung in 1000 t	5345	22820	36930	56040	71000
Förderung in 1000 t SKE	1497	4883	7711	11588	14376
Tagebauanteil in %	59	86	93	94	89
Förderzuwachs gegen 1960 in %	–	427	690	1048	1328

Die Lignitvorräte sollen bei der geplanten Förderung für 90 Jahre reichen. Bis 1980 werden Kohlenpartien mit einem maximalen Verhältnis Abraum: Kohle von 5:1 abgebaut („Braunkohle", 11/1963).

Auf das aus einem 1 bis 2 m mächtigen Oberflöz, einem 17,3 m mächtigen Hauptflöz und einem 2,6 m mächtigen dritten Flöz aufgebaute Mariza-Ost-Vorkommen entfallen 47% der Lignitvorräte. Bis 1980 wird Mariza-Ost Hauptlieferant billiger Rohenergie sein.

Der Aschegehalt dieser Kohle wird mit 22 bis 45%, der Schwefelgehalt mit 4,4 bis 5% und der durchschnittliche Heizwert mit 1400 kcal/kg angegeben. 31% der Kohlen aus Mariza-Ost haben einen Wassergehalt bis zu 22%, 21% einen Wassergehalt bis 25% und die restlichen 48% einen Wassergehalt von 28 bis 45%.

Die durchschnittliche Förderung aus dem Tagebau Mariza-Ost beträgt 1960 17 Mill. t, 1970 34 Mill. t, 1975 53 Mill. t und im Jahre 1980 59,4 Mill. t. Zwischen 2002 und 2033 wird die Förderung in den einzelnen Revieren auslaufen.

Die Förderung des derzeit größten Kohlenproduzenten Mariza-West steigt von 1885 Mill. t (0,6 Mill. t SKE) im Jahre 1960 auf 2550 Mill. t (0,8 Mill. t SKE) im Jahre 1965 an. Von 1975 bis 1980 ist eine Förderung von 2,1 Mill. t geplant. —Dressel—

Lignitvergasung in Jugoslawien

Die Lignitvorräte von Kolubar in der FSR Jugoslawien werden auf 4 Mrd. t geschätzt. Die geförderten Lignite sollen künftig im Fördergebiet, wo in Vreoci entsprechende Anlagen errichtet wurden, vergast und das Gas durch eine zu verlegende Leitung der Industrie von Belgrad und anderen Punkten zugeführt werden. Die Jahreserzeugung soll von 1968 ab zunächst 400 Mill. m^3 und in zwei weiteren Etappen 800 Mill. m^3 und 1,2 Mrd. m^3 betragen. Bei der Vergasung wird eine Nebenproduktion von Teer, Öl, Rohphenol und Ammoniak nach dem System „Lurgi" erfolgen. —Havemann—

Eisenerz

Die Eisenerzförderung in Lateinamerika

Die Förderung von Eisenerz in den über Erzlagerstätten verfügenden Ländern Süd- und Mittelamerikas weist in den letzten Jahren im allgemeinen eine beachtliche Steigerung auf. Es trifft dies besonders für Brasilien, Chile, Mexiko und Peru zu. Venezuela und Argentinien haben dagegen einen Rückgang zu verzeichnen. Eine Statistik im 1. Vierteljahresheft 1964 von „Eisen und Stahl", Düsseldorf, die allerdings das Jahr 1963 noch nicht einbegreift, gibt darüber folgenden Überblick (in 1000 t):

	1960	1961	1962
Brasilien	9606	9340	10950
Chile	6041	6990	8092
Mexiko	870	1080	1956
Peru	5232	5376	5412
Kolumbien	295	300	300
Argentinien	137	157	122
Venezuela	19490	14565	13265

In Venezuela, wo die Förderung 1963 sogar auf 11,75 Mill. t zurückging, sind die sehr beträchtlichen Vorräte im Eisenerzgürtel von Venezolanisch-Guayana (Schätzung von Ende 1963: 835,5 Mill. t) nur erst zu 15% abgebaut. Die Regierung erstrebt die Verstaatlichung der Gruben, hat jedoch die bestehenden Konzessionen noch nicht aufgehoben.

In Argentinien werden an die in Aussicht genommene Ausbeutung der bisher hinsichtlich der Wirtschaftlichkeit umstrittenen Eisenerzlager von Sierra Grande nunmehr hohe Erwartungen geknüpft. Bezüglich des Ausbaus der argentinischen Stahlkapazität bestehen vier große Projekte, von denen die Erweiterung des Hüttenwerks von San Nikolás, dessen Produktion um jährlich 600000 t vergrößert werden soll, den Vorrang hat.

In Peru soll das Hüttenwerk der staatlichen Körperschaft SOGESA in der Hafenstadt Chimbote, 400 km nördlich von Lima, auf eine Rohstahlkapazität von 350000 t gebracht werden. —Havemann—

Der bulgarische Eisenerzbergbau

Der Tagebau Kremikovtsi und das Bergwerk Martinovtsi gelten als die größten und bedeutendsten bulgarischen Eisenerzgruben. Die Lagerstätte Kremikovtsi hat eine linsenförmige Gestalt; sie erstreckt sich auf 1700 m streichende Länge und 700 bis 1500 m Breite. Der in 60 bis 267 m Tiefe liegende Erzkörper hat teils dolomitisches, teils toniges bzw. schiefriges Nebengestein. Der Erzkörper und das Nebengestein sind zerklüftet und örtlich brekziös ausgebildet. Sie enthalten Hohlräume, die mit unter Druck stehendem Karstwasser gefüllt sind. Die sicheren Vorräte des Eisen-Blei-Schwerspat-Erzkörpers von Kremikovtsi betragen 245 Mill. t Eisenerz, 29 Mill. t Schwerspat und 10 Mill. t Bleierz [„Mine und Quarry Engng.", 30 (1964), Nr. 4, S. 146 bis 152]. Die Jahresförderung beträgt 5 Mill. t Erz.

Innerhalb des Berkovitsa-Sattels befindet sich die Lagerstätte der Grube Martinovtsi. Der Erzkörper ist kontaktmetasomatisch entstanden. Die Mächtigkeiten schwanken von 0,5 bis 30 m; durchschnittlich wird eine Mächtigkeit von 5—8 m erreicht. Seine streichende Erstreckung schwankt teils von 10 bis 15 m und teilweise von 150 bis 250 m. Der Magnetkies der Lagerstätte Martinovtsi besitzt einen durchschnittlichen Fe-Gehalt von 20—40%. Die Erze treten in Gruppen von einer bis zu zehn Linsen auf und sind bei einer deutlichen Abgrenzung an linsenförmige Marmorkörper gebunden. —Dressel—

Das größte Eisenerzprojekt Indiens

Der künftige Abbau der großen Eisenerzlagerstätten in dem indischen Staat Madhya Pradesh stellt ein Projekt dar, das ausgearbeitet vorliegt und das größte Projekt der Eisenerzförderung in Indien ist. 14 Lagerstätten befinden sich nahe dem Ort Bailadila. Eine davon, mit Erzen von 65% Fe-Gehalt, die zuerst in Angriff genommen werden soll, wird bei einem Abbau von 4 Mill. t jährlich voraussichtlich für 19 Jahre reichen. Die Kosten des Gesamtprojekts werden von der indischen Gesellschaft „National Mineral Development Corporation" auf 150 Mill. indische Rupien geschätzt. Ab 1965 hofft man bereits mehrere Mill. t an Japan liefern zu können. —Havemann—

Sonstiges

Neue Zinkhütte in Peru

Nachdem peruanische Fachblätter und Tageszeitungen während der letzten 15 Jahre immer wieder auf die Vorteile bei der Errichtung einer staatlichen Zinkschmelze hingewiesen haben, läßt ein kürzlich veröffentlichtes „Dekret" der Regierung erkennen, daß die staatliche Minenbank während der letzten drei Jahre umfangreiche Untersuchungen durchgeführt hat, um die Vorräte an Zinkerzen einzuschätzen und festzustellen, in welchem Teil des Landes die Hüttenanlage am besten errichtet wird und mit welchen Erzeugungsziffern gerechnet werden kann.

Es wird eine jährliche Produktion von 30000 t Zink (elektrolytisch) und von etwa 90 t Cadmium erwartet. Die gleiche Anlage wird außerdem 52000 t Schwefelsäure und 46000 t Kunstdünger (Superphosphat) erzeugen.

Der Kapitalbedarf für Bau und Arbeitsbeginn der Gesamtanlage wird auf 25 Millionen US-$ geschätzt. Die Einrichtung der Hütte ist in nächster Nähe der Hauptstadt Lima geplant, nahe der Küste und nahe der „Zentral-Eisenbahn", die ins Innere führt. Der Bedarf an elektrischem Strom wird auf 15000 kW geschätzt. Z. F. R.

Zeitschrift für angewandte Geologie, Bd. 10 (1964) Heft 12

Entwicklung der chilenischen Kupferproduktion

Chile produzierte im Jahre 1962 592948 t Feinkupfer. Die Produktion verteilt sich wie folgt („Erzbergbau und Metallhüttenwesen", 6/1964):

Großbergbau („Gran Mineria")	510526 t = 86,1%
Mittelbergbau („Mediana Mineria")	63816 t = 10,8%
Kleinbergbau („Pequeñe Mineria")	18606 t = 3,1%
insgesamt:	592948 t = 100,0%

Die Provinzen sind Antofagasta mit 50,9%, O'Higgins mit 25,6% und Atacama mit 17,1% an der Kupferproduktion des Landes beteiligt.

Die Kupferproduktion entwickelte sich von 1950 bis 1962 wie folgt:

Jahr	Produktion t Feinkupfer	Index
1950	360913	100
1951	378105	105
1952	406505	113
1953	359497	99
1954	355365	98
1955	433282	120
1956	488327	135
1957	481735	133
1958	462531	128
1959	548528	152
1960	536388	149
1961	550873	153
1962	592948	164

Bis 1960 lag die chilenische Kupferproduktion nach den USA an der zweiten Stelle der kapitalistischen Länder. Seit 1961 wurde Chile von Nordrhodesien auf den dritten Platz verwiesen. In den nächsten Jahren werden in Chile einige neue Gruben in Betrieb genommen; die Kapazitäten verschiedener anderer Betriebe werden erweitert. —DRESSEL—

Schwerspatgrube Könitz stillgelegt

Am 14. 8. 1964 wurde im VEB (K) Schwerspatgrube Könitz die letzte Schicht verfahren, da dieses bekannte Barytvorkommen erschöpft ist. Der Bergbau hierauf datiert ab 1830, doch waren die Gänge schon seit etwa 1700 bekannt, da sie im Bereich des alten Saalfeld—Kamsdorfer Silber-Kupfer-Bergbaus lagen. Besonderen Aufschwung nahm die Gewinnung des Baryts etwa ab 1880. Zwischen den beiden Weltkriegen gab es Zeiten der Stagnation.

Der Könitzer Schwerspat wurde als Farb- und Reduzierspat verwandt. Von anderen ähnlichen Vorkommen zeichnete er sich durch Reinheit, Freiheit von Fluorit und Quarz aus. Der Abbau fand vorwiegend auf dem W—E streichenden und schwach N fallenden Hauptgang im Buchholz südlich Könitz statt. Der Gang war auf über 800 m Länge maximal bis zu 315 m Teufe erschlossen worden. Die Verteilung der linsenförmigen Schwerspatmittel war die im Gangbergbau übliche. Von Tage setzte der Gang im Zechstein auf, reichte aber für die örtlichen Verhältnisse ungewöhnlich tief in die unterlagernden Kulmgrauwacken hinab, wo er unter immer stärkerer Verdrängung durch Siderit schließlich vertaubte. Erkundungsarbeiten, die nach 1945 auf den unweit des Hauptgangs parallel streichenden Zügen sowie in der weiteren Umgebung durchgeführt wurden, brachten nur Teilerfolge.

Insgesamt sind fast eine halbe Million Tonnen Baryt gefördert worden. Bei den Sammlern waren die schönen großen Stufen tafeliger Baryte und die Rosetten nadeliger Strontianite bekannt. Eine umfassende mineralogische Bearbeitung der Lagerstätten verdanken wir LEEDER (1957).

Mit der Schließung der Grube ist wohl der endgültige Schlußstrich unter die Geschichte des urkundlich bis ins 12. Jahrhundert, durch die Prähistorik aber mit Sicherheit bis in die Bronzezeit nachgewiesenen, altberühmten Saalfeld—Kamsdorfer Gangbergbaus gezogen. PFEIFFER

Die Schwefelproduktion in der VR Polen

Um die Rohstoffbasis für das chemische Kombinat „Marcel Nowotka" zu verstärken, wurde in dem Schwefelkiesrevier von Tarnobrzeg mit der Anlage einer großen neuen Schwefelkiesgrube begonnen, die bis 1970 fertiggestellt werden und dann mit einer Jahresproduktion von 6,5 Mill. t Schwefelkies beginnen soll. Den Erwartungen nach wird das Kombinat dann statt 200000 t (1963) von 1970 bis 1975 über 1 Mill. t reinen Schwefel zu erzeugen in der Lage sein. Aus den Kiesen der Grube von Piaseczno produzierte das Werk bereits insgesamt 500000 t reinen Schwefel. Auch eine Schwefelmühle, die 1964 etwa 9000 t Mahlschwefel liefern soll, wurde in Betrieb genommen. —HAVEMANN—

Die Graphitproduktion in Österreich

Österreich besitzt in den Provinzen Niederösterreich und vor allem Steiermark bedeutende Lagerstätten graphithaltiger Gesteine. In der Grauwackenzone von Kapellen über Aflenz, Bruck, Kaisersberg, Trieben bis Rottenmann sind mehrere Mill. t davon abbauwürdig. 1963 wurden etwa 21595 t Gießereigraphit, 810 t Elektrodengraphit und 256 t flotierter Graphit erzeugt. Der Graphitbergbau Kaisersberg besitzt seit 1952 eine Flotationsanlage, die einzig in der Welt mikrokristalline Graphite anzureichern vermag. Die österreichische Graphitproduktion konnte 1963 um etwa 10000 t auf 99598 t gesteigert werden. -HAVEMANN-

Entwicklung des Bergbaus in Österreich

Die österreichische Bergbauproduktion zeigt folgende Entwicklung („Berg- und Hüttenmännische Monatshefte", 6/1964):

Förderung an Rohprodukten in Tonnen

	1960	1961	1962	1963
Steinkohle	132036	106218	99355	103522
Glanz- u. Braunkohle	5973365	5660714	5711592	6053033
Kohle insges.	6105401	5766932	5810947	6156555
Erdöl	2448391	2355865	2393688	2619857
Erdgas (in 1000 Nm³)	1469193	1556075	1634850	1698975
Ölschiefer	763	551	616	325
Eisenerze	3541564	3692700	3751400	3734400
Eisenglimmer	3459	3516	3308	4120
Blei-Zink-Molybdän-Erze	192833	193263	194446	187907
Wolframerze	6252	11260	12959	7222
Kupfererze	139639	129892	142721	138093
Antimonerze	14823	15914	16977	17550
Bauxit	26006	18013	16961	17830
Gips- u. Anhydrit	662575	680102	684140	584625
Schwerspat	4395	2539	1081	2050
Graphit	88036	80971	89282	99589
Magnesit	1625406	1798681	1607409	1312788
Talk u. Talkschiefer	82277	84948	75771	65644
Rohkaolin	323094	343892	336393	349346
Ton, Bentonit und Illit	80814	81319	121813	118012
Quarzit und Quarzsand	252600	270152	263524	265279
Feldspat	4646	3970	5056	2110
Kieselgur	4020	5437	4185	3936
Traß	35000	37055	27847	21182
Salzsole (in m³)	1109047	926536	1014508	1210537
Steinsalz	1724	3369	5114	5085
Sudsalz	132471	138708	146683	166067

—DRESSEL—

Vorrichtung zur Markierung und zum Fangen von orientierten Bohrkernen

Zum Erbohren von orientierten Kernen in Tiefbohrungen ist es erforderlich, daß am zylindrischen Kernmantel eine oder mehrere Marken parallel zur Kernachse geritzt werden, deren Azimut in einem Orientierungsgerät gegenüber einer bestimmten Richtung auf einem Diagramm oder Film markiert wird. Das Orientierungsgerät befindet sich dabei oberhalb des während der Bohrarbeit nicht mitdrehenden Kernbohrers. Die Markierungsmesser haben eine weitere Bedeutung darin, das nicht mitdrehende Kernrohr während des Kernbohrens an dem noch mit dem Boden verwachsenen Kern derart zu halten, daß das Innenrohr mit den Markierungsmessern nach unten gleitet, während es den Kern in sich aufnimmt und die Markierungsmesser vertikale Risse am Kernmantel verursachen.

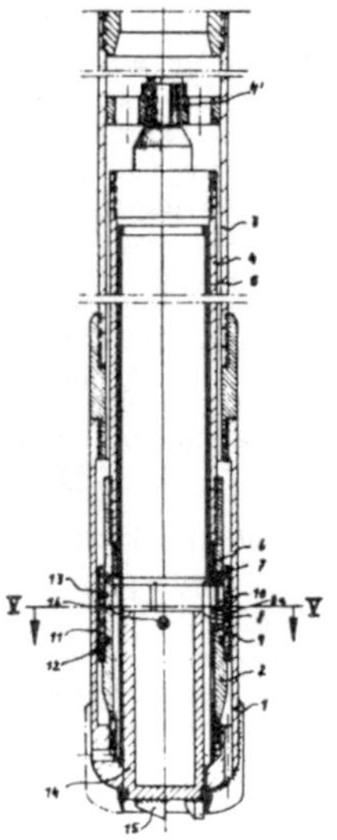

Bei derartigen Geräten kommt es darauf an,

1. daß ein Mitdrehen des Innenrohrs mit dem Außenrohr von Anfang an mit Sicherheit verhindert wird,

2. daß die Markierungsmesser in griffigem Kontakt mit dem Kern bleiben und daß das Innenrohr gegenüber dem Kern immer unverdrehbar bleibt,

3. daß ein sicheres Fangen des Kerns nach beendetem Kernen gewährleistet wird.

Um dies zu erreichen, besitzt die neue Vorrichtung, die in der Zeichnung in einem Längsschnitt durch den unteren Teil eines Kernbohrers dargestellt ist,

a) ein am unteren Ende eines im Außenrohr (3) eines Kernbohrers drehfrei aufgehängten Schutzrohres (4) angebrachtes Gehäuse für Markierungsmesser (8), die im oberen Teil durch Federn (9,10) radial einwärts gedrückt werden;

b) einen Führungsstopfen, der mittels äußerer Längsrillen für den Eingriff der Markierungsmesser (8) im Gehäuse verdrehungssicher und axial mit Überwindung der Reibungskraft der Markierungsmesser verschiebbar angeordnet ist;

c) schneidenartige oder sonstige Elemente an der Unterseite des Führungsstopfens (14) zum verdrehungssicheren Eingriff zunächst am Bohrlochboden und dann an der Oberseite des Kerns.

Die für das Gewinnen orientierter Kerne unerläßliche Verhinderung des Mitdrehens des Schutzrohres (4) und der mit diesem zusammenhängenden anderen Einbauteilen mit dem Bohrloch (3) wird durch das Zusammenwirken des Führungsstopfens und der nach innen gefederten Markierungsmesser (8) gewährleistet. Voraussetzung für die Gewinnung orientierter Bohrkerne ist natürlich auch eine genügende Verdrehungsfestigkeit des Bohrkerns selbst, während dieser in den Kernbohrer mit zunehmender Länge eintritt und die mit ihm im Eingriff stehenden Einbauteile desselben gegen Verdrehen sichern soll.

Das trifft erfahrungsgemäß in Tiefbohrungen auch bei relativ weichem Gesteinsmaterial infolge des Drucks der Bohrspülung im allgemeinen zu.

Da die radial nach innen gefederten Markierungsmesser mit ihrer oberen Innenspitze auf einem im Verhältnis zum erbohrten Kern kleinen Kreisumfang liegen, ist deren Kontakt mit dem Kern selbst dann gewährleistet, wenn der erbohrte Kern aus irgendwelchen Gründen nicht den vollen Durchmesser aufweist, so daß selbst unter solch ungünstigen Bedingungen eine Kernorientierung möglich ist. Das sichere Fangen des Kerns wird dadurch erreicht, daß die oberen spitzen Enden des Markierungsmessers, die durch Bestückung mit Hartmetall oder Diamanten besonders abriebfest ausgebildet sein können, beim Hochziehen des Kernbohrers nach beendetem Kernen infolge des darauf lastenden Federdrucks leicht in den von den Markierungsmessern geritzten Rillen noch tiefer in den Kern eindringen und diesen ganz abreißen.

DBP-Anm.: 1163270. H. Friedemann

Kurznachrichten

In 1700 bis 2000 m Teufe wurde nordwestlich von **Belgrad** ein **neues Erdölfeld** entdeckt, aus dem bedeutende Fördermengen an Erdöl und Erdölgas erwartet werden.

In Holland hat die Amoci Netherlands Petroleum Co., die **seismische Untersuchungen** vor der Nordseeküste vornehmen läßt, mit solchen Untersuchungen auch in der **Zuider-See** begonnen.

Im östlichen Teil der **Türkei** wurde die **Bohrung** Silvanka 2 im Garzan-Kalkstein bei 2716 m Tiefe **fündig**. Mit einer Endteufe von 4039 m ist sie die in der Türkei bisher tiefste Bohrung. Die Tagesausbeute beträgt 70 t Rohöl.

In **Saudi-Arabien** beabsichtigt die Arabian American Oil Co. (Aramco), die 1963 79,8 Mill. t **Rohöl** förderte (gegenüber 74,6 Mill. t im Vorjahr), die Erschließung des Off-shore-Feldes von Manifa in Angriff zu nehmen.

Die **VAR Ägypten** sieht für ihren zweiten Fünfjahrplan (1965—1970) unter Einsatz von 122 Mill. £ E Investitionen eine Steigerung der **Erdölproduktion** vor, die Exporte ermöglichen wird.

Die **Erdölvorräte** im **Schelfgebiet** von **Nigeria** sollen nach amerikanischer Schätzung so groß sein, daß das Land in einigen Jahren zu den zehn größten Erdölproduzenten gehören könnte. 1963 förderte Nigeria bereits 3,5 Mill. t gegenüber 3,2 Mill. t 1962.

Der **Erdöl- und Erdgasbedarf Kanadas** wird nach Angaben der „Canadian Petroleum Assoc." bis 1970 auf 390 Mill. barrels Erdöl und 1460 Mill. cb.ft. Erdgas ansteigen. Für Erdölbohrungen und Neuerschließungen sollen in den nächsten 7 Jahren 4,5 Mrd. kan. $ eingesetzt werden.

Die **Erdölförderung** des **Nahen Ostens** betrug im 1. Quartal 1964 mit 96,07 Mill. t 15,9% mehr als in der gleichen Vorjahrszeit. Von den Hauptproduktionsländern förderten Kuwait 26,98 Mill. t, Saudi-Arabien 21,22, Iran 20,51, Irak 16,68 Mill. t.

Indonesien vergrößerte seine **Ölproduktion** ab 1961 von rd. 21 Mill. t jährlich um mehr als 1 Mill. t. Die Vorräte werden auf 1,5 Mrd. t geschätzt.

Der **Anteil** der **UdSSR** und der europäischen **Volksrepubliken** an der **Welteisenerzförderung**, die von 246 Mill. t (1961) auf 260 Mill. t (1963) anstieg, hat sich in der gleichen Zeit von 29,2% auf 32,4% erhöht, während der Anteil der Montanunion von 11,9% auf 9,5% zurückging.

Indien liefert künftighin **Eisenerze** an die sozialistischen Länder: ČSSR, VR Rumänien, VR Polen, VR Ungarn, DDR und SFR Jugoslawien. Die indische Eisenerzförderung soll bis 1971 auf jährlich 60 bis 65 Mill. t gebracht werden.

Die **Eisenerzförderung Mauretaniens**, die von der „Société des Mines de Fer de Mauritanie" betrieben wird, betrug 1963 1,3 Mill. t, wovon 33% an Frankreich, 23% an Italien, 21% an Westdeutschland und 17% an Großbritannien geliefert wurden.

In Lesul Ursului im Bistric-Gebirge wurde das größte **Blei-Zink- und Kupferbergwerk Rumäniens** in Betrieb genommen. Ursului und die Flotationsanlagen in Tranita sollen durch einen 6-km-Tunnel für den elektrifizierten Transport verbunden werden.

Der in den lezten Jahren stark zurückgegangene **Bergbau** von **Mexiko** soll durch Wiederinbetriebsetzung von drei Bergbauzentren neu belebt werden, und zwar des Kupferbergwerks in Durango, des Manganbergwerks in Janos (Chihuahua) und des Silberbergwerks in Pánuco.

Das **Asbest-Bergwerk** in Szetschuan, eines der größten der **VR China**, steht im Begriff, seine Produktionskapazität zu verdoppeln. Förderung, Transport und Aufbereitung sollen mechanisiert werden.

Im **Atomenergiezentrum** Inchass nordöstlich von **Kairo** wurde in einem neuen Werk mit der Erzeugung von Kernbrennstoff aus uran- und thoriumhaltigen Sanden im nördlichen Teil des Nildeltas begonnen.

Zum Jahreswechsel allen Lesern
und Autoren die besten Wünsche,
erfolgreiche Arbeit und ein friedliches,
glückliches Jahr 1965

*

К наступающему новому году
желаем всем читателям и авторам
всего наилучшего, успеха в работе,
мира и счастья в 1965 году

*

At the Turn of the Year
all our Readers and Authors
Best Wishes, Every Success
and a Peaceful, Happy Year 1965

Redaktion der
ZEITSCHRIFT FÜR
ANGEWANDTE GEOLOGIE

An unsere Leser!

Zusammen mit diesem Heft werden kostenlos eine Einbanddecke und das Inhaltsverzeichnis für Band 8 unserer Zeitschrift ausgeliefert. Sollten einige unserer Abonnenten nicht in den Besitz der Einbanddecke gelangen, bitten wir, sich mit der Vertriebsabteilung des Akademie-Verlages in Verbindung zu setzen.

Die Redaktion

In den nächsten Heften
der
Zeitschrift für angewandte Geologie

erscheinen u. a. folgende Beiträge

W. Kleber: Kristallkeimbildung und ihre Bedeutung für mineralogische und technische Probleme

J. Rentzsch: Die feinstratigraphisch-lithologische Flözlagenparallelisierung im Kupferschiefer am Südrand des norddeutschen Zechsteinbeckens

M. Wawrzik: Ergebnisse erdmagnetischer Messungen zur Erkundung von Eisenerzen im Ostteil des Elbingeröder Komplexes

F. Schust: Zu den Granitvarietäten des Eibenstocker Zinnreviers im Westerzgebirge

R. Meinhold: Methoden zum Aufsuchen neuer Kohlenwasserstoff-Vorräte

M. Hemala & Z. Školová: Methode zur Berechnung des ursprünglichen Kohlenwasserstoffgehaltes an Kernen von Speichergesteinen

B. Heyne, W. Klipp & P. Scheibe: Die Anforderungen an Bohrspülungen im Norden der DDR

A. Steinmüller: Zusammenhänge zwischen Auslaugung, Lagerungs- und Oberflächenformen im thüringischen Eichsfeld

Herausgeber: Zentrales Geologisches Institut und Zentrale Vorratskommission für mineralische Rohstoffe der Deutschen Demokratischen Republik. Für die kollektive Chefredaktion: Dr. K. Kauter (Redaktionssekretär), Berlin. Redaktion: Berlin N 4, Invalidenstraße 44. Verlag: Akademie-Verlag GmbH, Berlin W 8, Leipziger Straße 3–4 (Fernsprecher 220441, Telex 011773, Postscheckkonto: Berlin 35021). Bestellnummer des Heftes 1047/10/12. Alleinige Anzeigenannahme DEWAG-WERBUNG, Berlin C 2, Rosenthaler Str. 28/31, und alle DEWAG-Betriebe in den Bezirksstädten der DDR. Die „Zeitschrift für angewandte Geologie" erscheint monatlich. Bezugspreis 2,– MDN je Heft. – Satz und Druck: VEB Druckhaus „Maxim Gorki", Altenburg. Veröffentlicht unter der Lizenznummer 1279 des Presseamtes beim Vorsitzenden des Ministerrates der Deutschen Demokratischen Republik. Kartengenehmigung: Nr. 327, 637, 867, 1061/64